Referent: Professor Dr. Udo Wegner

ISBN 978-3-662-27918-2 ISBN 978-3-662-29426-0 (eBook)
DOI 10.1007/978-3-662-29426-0

Sonderabdruck aus „Mathematische Annalen"
Band 117, Seiten 538 bis 578 (1940)

Springer-Verlag Berlin Heidelberg GmbH

Es sei G eine diskontinuierliche Gruppe von hyperabelschen Transformationen

$$S = \{S^{(1)}, \ldots, S^{(n)}\} \tag{1}$$

mit reellen unimodularen Matrizen

$$S^{(\nu)} = \begin{pmatrix} \alpha^{(\nu)} & \beta^{(\nu)} \\ \gamma^{(\nu)} & \delta^{(\nu)} \end{pmatrix} \qquad (\nu = 1, \ldots, n), \tag{2}$$

welche einen Punkt $\tau = \{\tau^{(1)}, \ldots, \tau^{(n)}\}$ des Teilraumes $\mathfrak{T}$, definiert durch

$$\mathfrak{Im}\, \tau^{(\nu)} > 0 \qquad (\nu = 1, \ldots, n), \tag{3}$$

in

$$S\tau = \frac{\alpha\tau + \beta}{\gamma\tau + \delta} = \left\{\frac{\alpha^{(1)}\tau^{(1)} + \beta^{(1)}}{\gamma^{(1)}\tau^{(1)} + \delta^{(1)}}, \ldots, \frac{\alpha^{(n)}\tau^{(n)} + \beta^{(n)}}{\gamma^{(n)}\tau^{(n)} + \delta^{(n)}}\right\} \tag{4}$$

überführen. Aus $\mathfrak{T}$ erhält man eine neue abstrakte Mannigfaltigkeit $\mathfrak{R}$, indem man alle Punkte von $\mathfrak{T}$ identifiziert, die nach einer Substitution von G äquivalent sind. Die Bestimmung von $\mathfrak{R}$ entspricht der Aufgabe, für G in $\mathfrak{T}$ einen Fundamentalbereich anzugeben. Wie das im allgemeinen und im besonderen für die Hilbertsche Modulgruppe und deren Untergruppen von endlichem Index zu machen ist, habe ich in einer früheren Arbeit[1]), auf welche auch wegen der Bezeichnung und Definitionen verwiesen sei, ausführlich auseinandergesetzt. Die vorliegende Untersuchung liefert einen Beitrag zur Theorie derjenigen in $\mathfrak{T}$ analytischen Funktionen, die als eindeutige Funktionen über $\mathfrak{R}$ aufgefaßt werden können, d. h. automorphe Funktionen zu G darstellen. Der Begriff der automorphen Funktion wird dem allgemeineren der automorphen Form der Dimension $-r$ mit dem Multiplikatorsystem v untergeordnet. $\varphi(\tau)$ heißt eine automorphe Form von G der Dimension $-r$ mit dem Multiplikatorsystem v, wenn

$$\varphi(S\tau) = v(S)\, \mathsf{N}(\gamma\tau + \delta)^r\, \varphi(\tau) \quad \text{für} \quad \underline{S} = (\gamma, \delta), \;\; S \subset \mathsf{G} \tag{5}$$

---

[1]) H. Maaß, Über Gruppen von hyperabelschen Transformationen, Sitzungsberichte der Heidelberger Akademie der Wissenschaften, math.-naturwiss. Klasse (1940), 2. Abhandlung, im folgenden zitiert mit M.

und über die Singularitäten von $\varphi(\tau)$ geeignete Festsetzungen getroffen werden; dabei müssen die Funktionszweige der mehrdeutigen Faktoren von

$$\mathrm{N}\,(\gamma\tau+\delta)^r = \prod_{\nu=1}^{n} (\gamma^{(\nu)}\,\tau^{(\nu)} + \gamma^{(\nu)})^r \tag{6}$$

ein für allemal festgelegt werden. Eine Form $\varphi(\tau)$, die in allen Punkten eines Fundamentalbereiches zu G, einschließlich der parabolischen Spitzen, regulär ist, heißt eine ganze Form, der Quotient zweier ganzer Formen gleicher reeller Dimension $-r$ mit gleichem Multiplikatorsystem v ($|v| = 1$) eine automorphe Funktion. Es ist in dieser Arbeit, ohne daß ständig darauf hingewiesen wird, immer nur von ganzen automorphen Formen die Rede. Für Transformationsgruppen G mit nur endlich vielen inäquivalenten parabolischen Spitzen und einem Fundamentalbereich vom Typus des in M., § 3 für die Hilbertsche Modulgruppe abgeleiteten wird als Hauptresultat der vorliegenden Untersuchung der folgende Satz bewiesen. Alle automorphen Funktionen sind rationale Funktionen von $n+1$ festen automorphen Funktionen, unter denen sich n über dem Körper der komplexen Zahlen algebraisch unabhängige befinden. Für die Hilbertsche Modulgruppe ist dieses Ergebnis bereits von Blumenthal[2]) ausgesprochen worden. Es besteht aber keine völlige inhaltliche Übereinstimmung der Resultate, weil der Blumenthalschen Arbeit eine umfassendere Definition der automorphen Funktion zugrunde liegt (vgl. auch die Einleitung zu M.). Ich habe mir in der vorliegenden Abhandlung die Methoden, mit denen Siegel die Theorie der Modulfunktionen n-ten Grades begründet hat[3]), weitgehend zunutze gemacht. Das wichtigste Hilfsmittel zum Beweis des oben formulierten Satzes besteht in der Erkenntnis, daß eine ganze automorphe Form der reellen Dimension $-r$ mit dem Multiplikatorsystem v ($|v| = 1$) identisch verschwindet, sobald in den „Potenzreihenentwicklungen“ der Form zu einem vollen (also nach Voraussetzung endlichen) System von inäquivalenten parabolischen Spitzen gewisse Koeffizienten in nur von der Dimension $-r$ abhängiger Anzahl verschwinden. Das ist die Verallgemeinerung der bekannten Tatsache, daß eine ganze Modulform zur rationalen Modulgruppe in der einzigen parabolischen Spitze des Fundamentalbereichs keine Nullstelle zu hoher Ordnung hat, ohne identisch zu verschwinden. Um zu beweisen, daß eine automorphe Funktion, die sich als Quotient zweier Formen aus der linearen Schar $\{\mathsf{G}, -r, v\}$ aller ganzen Formen der Dimension $-r < 0$ mit dem Multiplikatorsystem v ($|v| = 1$) darstellen läßt, auch als Quotient zweier Formen einer Schar $\{\mathsf{G}, -r_0, 1\}$

---

[2]) O. Blumenthal, Über Modulfunktionen von mehreren Veränderlichen. Erste Hälfte: Math. Annalen **56** (1903), S. 509–548; zweite Hälfte: ebenda **58** (1904), S. 497–527.

[3]) C. L. Siegel, Einführung in die Theorie der Modulfunktionen n-ten Grades, Math. Annalen **116** (1939), S. 617–657, im folgenden zitiert mit S.

mit ganz rationalem r_0 dargestellt werden kann, werden die von Petersson[4]) aufgestellten Poincaréschen Reihen $G_{-r}(\tau; v; A, \Gamma; R)$ auf n Veränderliche verallgemeinert und ausführlich diskutiert.

Die eigentliche Bedeutung der verallgemeinerten Poincaréschen Reihen liegt darin, daß sie einerseits alle automorphen Formen reeller Dimension $-r < -2$ mit einem Multiplikatorsystem v vom Betrag 1 linear darstellen (Vollständigkeitssatz) und andererseits durch funktionentheoretische Eigenschaften charakterisiert werden können. Der Beweis dieser Behauptungen gestaltet sich mit Hilfe der Peterssonschen Metrisierung der ganzen automorphen Formen[5]) überraschend einfach und demonstriert aufs neue die erstaunliche Tragweite der jüngst von Petersson entwickelten Methoden. Es verbleibt mir nur, die Ergebnisse der unter [5]) und [6]) zitierten Untersuchungen auf n Veränderliche zu übertragen. Dabei ergibt sich eine Fülle neuartiger Beziehungen zwischen den Poincaréschen Reihen in n Veränderlichen. In welcher Weise sich die nicht-ganzen automorphen Formen, die sich in jedem Punkt des Fundamentalbereichs „rational" verhalten, an dem Aufbau der hier entwickelten Theorie beteiligen können, müßte noch besonders untersucht werden.

Auf die entsprechenden Verhältnisse, insbesondere den Beweis des Vollständigkeitssatzes für die Siegelschen Modulformen n-ten Grades gedenke ich an anderer Stelle zurückzukommen.

§ 1.

Multiplikator- und Faktorsysteme. Entwicklung automorpher Formen in den parabolischen Spitzen.

Das Studium automorpher Formen beliebiger reeller Dimension $-r$ macht für reelle $\gamma^{(\nu)}, \delta^{(\nu)} \neq 0, 0$ $(\nu = 1, \ldots, n)$ eine generelle Auswahl der Funktionszweige von $\mathsf{N}(\gamma\tau + \delta)^r$ notwendig. Um den Anschluß an die Peterssonsche Bezeichnung des formalen Apparats[7]) der Theorie der auto-

---

[4]) H. Petersson, Theorie der automorphen Formen beliebiger reeller Dimension und ihre Darstellung durch eine neue Art Poincaréscher Reihen, Math. Annalen **103** (1930), S. 369—436, im folgenden zitiert mit P.

[5]) H. Petersson, Über eine Metrisierung der ganzen Modulformen, Jahresbericht der Deutschen Mathematiker-Vereinigung **49** (1939), S. 49—75.

[6]) H. Petersson, Die linearen Relationen zwischen den ganzen Poincaréschen Reihen von reeller Dimension zur Modulgruppe, Abhandlungen aus dem Math. Seminar der Hansischen Univ. **12** (1938), S. 415—472.

[7]) H. Petersson, Zur analytischen Theorie der Grenzkreisgruppen. Teil I bis IV: Math. Annalen **115** (1938), S. 23—67, 175—204, 518—572, 670—709; Teil V: Math. Zeitschr. **44** (1939), S. 127—155, im folgenden zitiert mit P. I bis V.

morphen Formen zu wahren, ist folgender Fixierung vor andern der Vorzug zu geben: Für $\Im\mathfrak{m}\,\tau^{(\nu)} > 0$ $(\nu = 1, \ldots, n)$ sei

$$\mathsf{N}(\gamma\tau + \delta)^r = e^{r\,\mathsf{S}\log(\gamma\tau+\delta)},$$

$$\log(\gamma^{(\nu)}\tau^{(\nu)} + \delta^{(\nu)}) = \log|\gamma^{(\nu)}\tau^{(\nu)} + \delta^{(\nu)}| + i\arg(\gamma^{(\nu)}\tau^{(\nu)} + \delta^{(\nu)}),$$

$$(7) \qquad \arg(\gamma^{(\nu)}\tau^{(\nu)} + \delta^{(\nu)}) = \begin{cases} \arg\left(\tau^{(\nu)} + \dfrac{\delta^{(\nu)}}{\gamma^{(\nu)}}\right) - \arg\gamma^{(\nu)} & \text{für } \gamma^{(\nu)} \neq 0, \\ \arg.\delta^{(\nu)} & \text{für } \gamma^{(\nu)} = 0, \end{cases}$$

$$\arg\delta^{(\nu)} = \frac{1 - \operatorname{sgn}\delta^{(\nu)}}{2}\pi, \quad 0 < \arg\left(\tau^{(\nu)} + \frac{\delta^{(\nu)}}{\gamma^{(\nu)}}\right) < \pi.$$

Setzt man für reelle unimodulare M, S von der Art (1) mit den zweiten Zeilen

$$(8) \qquad \underline{M} = (\mu_1, \mu_2), \quad \underline{S} = (\gamma, \delta), \quad \underline{MS} = (\mu_1^*, \mu_2^*)$$

von M, S, MS

$$(9) \qquad 2\pi w(M, S) = \arg(\mu_1 S\tau + \mu_2) - \arg(\mu_1^*\tau + \mu_2^*) + \arg(\gamma\tau + \delta)$$

(für alle Konjugierten) und

$$(10) \qquad \sigma^{(r)}(M, S) = e^{2\pi i r\,\mathsf{S}\,w(M,S)} = e^{2\pi i r \sum\limits_{\nu=1}^{n} w(M^{(\nu)}, S^{(\nu)})}$$

so gelten die folgenden Regeln $(\sigma^{(r)} = \sigma)$:

$$(11) \qquad \begin{aligned} \sigma(M, S_1 S_2)\,\sigma(S_1, S_2) &= \sigma(M, S_1)\,\sigma(MS_1, S_2) \\ \sigma(S_1, S_2) &= \sigma(S_2, S_1) \quad \text{für } S_1 S_2 = S_2 S_1 \end{aligned}$$

und mit (8)

$$(12) \qquad \mathsf{N}(\mu_1 S\tau + \mu_2)^r = \sigma^{(r)}(M, S)\,\frac{\mathsf{N}(\mu_1^*\tau + \mu_2^*)^r}{\mathsf{N}(\gamma\tau + \delta)^r},$$

wie die Betrachtungen in P. I lehren. Die w-Werte können aus P. I, S. 44, Satz 4 entnommen werden. Für das Multiplikatorsystem v einer Form $\varphi(\tau)$ der Dimension $-r$ sind zufolge (5) und (12) die Relationen

$$(13) \qquad v(L_1 L_2) = \sigma^{(r)}(L_1, L_2)\; v(L_1)\; v(L_2) \quad \text{für } L_1, L_2 \subset \mathsf{G}$$

erfüllt. Allgemein soll ein nicht verschwindendes Zahlsystem v, für welches (13) gilt, ein Multiplikatorsystem für G zur Dimension $-r$ genannt werden. Wir vereinbaren wie im M. folgende feste Bezeichnung:

$$(14) \qquad U^\alpha = \begin{pmatrix} 1 & \alpha \\ 0 & 1 \end{pmatrix}, \quad D_\lambda = \begin{pmatrix} \lambda & 0 \\ 0 & \lambda^{-1} \end{pmatrix}$$

und definieren E_k $(k = 1, \ldots, n)$ durch

$$E_k^{(k)} = \begin{pmatrix} -1 & 1 \\ 0 & -1 \end{pmatrix}, \quad E_k^{(\nu)} = \begin{pmatrix} 1 & 0 \\ 0 & 1 \end{pmatrix}, \quad \nu \neq k,\ k = 1, \ldots, n.$$

Die Bedeutung eines Multiplikatorsystems v läßt sich, sofern E_k noch nicht in G enthalten ist, auch auf die durch E_k erweiterte Gruppe fortsetzen, indem man, wie es durch (5) geboten ist,

$$(15) \qquad v(E_k L) = \sigma^{(r)}(E_k, L)\, e^{-\pi i r}\, v(L) \quad \text{für } L \subset \mathsf{G}$$

setzt und sich davon überzeugt, daß die Relationen (13) auch für die erweiterte Gruppe bestehen. Wir können daher, ohne daß die Gesamtheit der Multiplikatorsysteme von G eine Beschränkung erleidet,

(16) $$E_k \subset \mathsf{G} \qquad k = 1, \ldots, n)$$

voraussetzen.

Transformieren wir eine Form $\varphi(\tau) \subset \{\mathsf{G}, -r, v\}$ mit einer reellen unimodularen Substitution A, so erhält man in

(17) $$\varphi^A(\tau) = \frac{\varphi(A\tau)}{\mathsf{N}(a_1\tau + a_2)^r} \qquad (\underline{A} = (a_1, a_2))$$

eine Form aus $\{A^{-1}\mathsf{G}A, -r, v^A\}$ mit dem Multiplikatorsystem

(18) $$v^A(S) = v(ASA^{-1})\,\frac{\sigma^{(r)}(ASA^{-1}, A)}{\sigma^{(r)}(A, S)}, \quad S \subset A^{-1}\mathsf{G}A.$$

Die Multiplikatoreigenschaft von v^A kann auch direkt aus (13) mit Hilfe von (11) abgeleitet werden. Man überzeugt sich leicht, daß auf Grund von (11) und (12)

(19) $$(\varphi^A)^B = \frac{1}{\sigma^{(r)}(A, B)}\,\varphi^{AB}, \quad (v^A)^B = v^{AB}$$

gilt, außerdem

(20) $$\varphi^L(\tau) = v(L)\,\varphi(\tau), \quad v^L = v \quad \text{für } L \subset \mathsf{G}.$$

Wir wollen jetzt voraussetzen, daß der Punkt $\infty = \{\infty, \ldots, \infty\}$ parabolische Spitze von G ist; d. h. in der affinen Gruppe A von G soll es n unabhängige Translationen und $n-1$ hyperbolische Substitutionen mit unabhängigen Multiplikatoren geben (vgl. M., § 1). Der Modul $\mathfrak{t}$ der Translationen aus A repräsentiert ein diskretes Gitter und werde erzeugt von den Translationen $\alpha_1, \ldots, \alpha_n$:

$$\mathfrak{t} = [\alpha_1, \ldots, \alpha_n].$$

Für die Multiplikatoren der Substitutionen aus A sei $\lambda_1^2, \ldots, \lambda_{n-1}^2$ eine Basis. Um die der Spitze ∞ zugeordnete „Potenzreihenentwicklung" einer in $\mathfrak{T}$ regulären automorphen Form $\varphi(\tau)$ für G $-r$-ter Dimension mit dem Multiplikatorsystem v ableiten zu können, schicken wir folgende Überlegungen voraus. Der Modul $\mathfrak{m}$ wird definiert als die Gesamtheit der Größen $\mu = \{\mu^{(1)}, \ldots, \mu^{(n)}\}$, für welche $\mathsf{S}\alpha\mu$ ganz rational bei beliebiger Wahl von $\alpha \subset \mathfrak{t}$, was durch

(21) $$\mathsf{S}(\mathfrak{t}\mu) \equiv 0 \mod [1] \rightleftarrows \mu \subset \mathfrak{m}$$

ausgedrückt werde. Von den durch

(22) $$\mathsf{S}(\alpha_k \mu_l) = \delta_{kl} \quad (= \text{Kroneckersymbol})$$

definierten Größen $\mu_1, \ldots, \mu_n$ ist dann leicht zu zeigen, daß sie den Modul $\mathfrak{m}$ erzeugen. $\mathfrak{m}$ ist damit als diskretes n dimensionales Gitter erkannt. Ist λ^2 ein beliebiger Multiplikator von A, so gilt wegen $\mathfrak{t} \cdot \lambda^{-2} = \mathfrak{t}$ (vgl. M., § 1) auch

$$(23) \qquad \lambda^2 \mathfrak{m} = \mathfrak{m}.$$

Weil alle $\mu \subset \mathfrak{m}$ diskret liegen, so kann aus (23) geschlossen werden, daß entweder alle Konjugierten $\mu^{(\nu)}$ $(\nu = 1, \ldots, n)$ von $\mu \subset \mathfrak{m}$ verschwinden oder alle von 0 verschieden sind:

$$(24) \qquad \mu \subset \mathfrak{m}, \text{ dann } \mu = 0 \text{ oder } \mu \neq 0.$$

Wir setzen

$$(25) \qquad v(U^\alpha) = e^{2\pi i \varrho(\alpha)} \text{ für } \alpha \subset \mathfrak{t}$$

und können dabei $\varrho(\alpha)$ linear in α annehmen. Um die Existenz einer für alle $\alpha \subset \mathfrak{t}$ gültigen Lösung $\varkappa = \{\varkappa^{(1)}, \ldots, \varkappa^{(n)}\}$ von

$$(26) \qquad \varrho(\alpha) \equiv S(\varkappa\alpha) \bmod [1]$$

zu zeigen, genügt es wegen der beiderseitigen Linearität in α, (26) für $\alpha_1, \ldots, \alpha_n$ zu erfüllen. Das spezielle System von n Kongruenzen, welches man so erhält, ist aber lösbar, da die Determinante $|\alpha_k^{(i)}| \neq 0$ ist. $\varkappa$ ist mod $\mathfrak{m}$ eindeutig bestimmt. Zu einem beliebigen Multiplikator λ^2 von A wählen wir

$$U^\beta D_\lambda \subset \mathsf{A}$$

und transformieren mit dieser Transformation die Translation U^α, $\alpha \subset \mathfrak{t}$. Auf Grund von (13) und der Eigenschaften des Faktorsystems $\sigma^{(r)}$ folgt dann leicht

$$(27) \qquad v(U^{\alpha\lambda^2}) = v(U^\beta D_\lambda \cdot U^\alpha \cdot D_{\lambda^{-1}} U^{-\beta}) = v(U^\alpha),$$

d. h.

$$(28) \qquad \varrho(\alpha\lambda^2) \equiv \varrho(\alpha) \bmod [1] \text{ für } \alpha \subset \mathfrak{t}.$$

Nach (26) gilt also

$$0 \equiv S\,\varkappa(1 - \lambda^2)\,\alpha \bmod [1] \text{ für } \alpha \subset \mathfrak{t},$$

mithin

$$(29) \qquad \varkappa(1 - \lambda^2) \subset \mathfrak{m}.$$

Außerdem notieren wir noch

$$(30) \qquad \mu \subset \mathfrak{m} \to \mu(1 - \lambda^2) \subset \mathfrak{m}.$$

Da nun alle Konjugierten $\lambda^{(\nu)2}$ $(\nu = 1, \ldots, n)$ algebraische Einheiten sind und einer Gleichung

$$f(x) = x^n + a_1 x^{n-1} + \ldots + a_n = 0$$

mit ganz rationalen Koeffizienten a_i genügen (vgl. M., § 1), so sind also $(1 - \lambda^{(\nu)2})$ $(\nu = 1, \ldots, n)$ Nullstellen von

$$g(x) = f(1 - x).$$

Da wir $n > 1$ annehmen wollen, es also mindestens einen unabhängigen Multiplikator λ^2 gibt, so kann bei allgemeinem λ^2 das Polynom $g(x)$ keine Potenz von x sein:

$$(-1)^n g(x) = x^{n-m}(x^m + b_1 x^{m-1} + \ldots + b_m), \qquad b_m \neq 0,\ m \geqq 1.$$

Nach (24) und (30) sind nun alle $\lambda^{(\nu)2}$ ($\nu = 1, \ldots, n$) zugleich von 1 verschieden, oder alle gleich 1. Wenn daher $\lambda^2 \neq 1$, so kommen also unter den Wurzeln von

$$h(x) = x^m + b_1 x^{m-1} + \ldots + b_m$$

die Zahlen $1 - \lambda^{(\nu)2}$ ($\nu = 1, \ldots, n$) vor. Aus (29) und (30) kann dann auf $b_m \varkappa \subset \mathfrak{m}$ geschlossen werden. Es gibt also eine kleinste positive, ganz rationale, vom Multiplikatorsystem unabhängige Zahl p derart, daß

$$(31) \qquad p\varkappa \subset \mathfrak{m},\ p \text{ ganz rational} > 0.$$

Danach sind für $\mu \subset \mathfrak{m}$ wegen (24) die Konjugierten von $\mu + \varkappa$ gleichzeitig Null oder nicht Null

$$(32) \qquad \mu \subset \mathfrak{m} \to \mu + \varkappa = 0 \text{ oder } \mu + \varkappa \neq 0;$$

denn es gilt $p(\mu + \varkappa) \subset \mathfrak{m}$. Insbesondere folgt aus (31) auch, daß $\varkappa$ reell, also

$$(33) \qquad |v(U^\alpha)| = 1 \text{ für } \alpha \subset \mathfrak{t}.$$

Wir geben jetzt die „Potenzreihenentwicklung" von $\varphi(\tau)$ zur Spitze ∞ an. Nach (25) und (26) hat

$$\psi(\tau) = e^{-2\pi i \mathrm{S}\varkappa\tau} \varphi(\tau)$$

die Perioden $\alpha \subset \mathfrak{t}$. Durch

$$(34) \qquad \tau^{(\nu)} = \sum_{\varrho=1}^{n} u_\varrho \alpha_\varrho^{(\nu)} \qquad (\nu = 1, \ldots, n)$$

führen wir neue Veränderliche $u_1, \ldots, u_n$ ein; man berechnet sie nach (22) direkt aus

$$(35) \qquad \mathrm{S}\mu_\sigma\tau = u_\sigma \qquad (\sigma = 1, \ldots, n).$$

Für die Funktion

$$\chi(u_1, \ldots, u_n) = \psi(\tau),$$

die in jeder der Veränderlichen u_k die Periode 1 hat, gibt es dann wegen der Regularitätsannahme eine in ganz $\mathfrak{T}$ gültige Fourierentwicklung

$$(36) \qquad \chi(u_1, \ldots, u_n) = \sum_{k_1, \ldots, k_n = -\infty}^{\infty} a_{k_1 \ldots k_n} e^{2\pi i \sum_{\varrho=1}^{n} k_\varrho u_\varrho}.$$

Setzt man

$$(37) \qquad \sum_{\varrho=1}^{n} k_\varrho \mu_\varrho = \mu,\ a_{k_1 \ldots k_n} = a(\mu + \varkappa),$$

so ergibt sich schließlich die gesuchte Reihe

(38) $$\varphi(\tau) = \sum_{\mu \subset \mathfrak{m}} a(\mu + \varkappa)\, e^{2\pi i S(\mu + \varkappa)\tau}.$$

Die Koeffizienten berechnen sich aus

(39) $$a(\mu + \varkappa) = \frac{1}{\Delta} \int \cdots \int_{\mathfrak{P}} \varphi(\tau)\, e^{-2\pi i S(\mu + \varkappa)\tau}\, d x^{(1)} \dots d x^{(n)},$$

wobei

$$\tau = x + iy, \quad \Re u_k = t_k \qquad (k = 1, \dots, n),$$

$$\left| \frac{\partial (x^{(1)}, \dots, x^{(n)})}{\partial (t_1, \dots, t_n)} \right| = \Delta$$

und $\mathfrak{P}$ die Punktmenge, welche dem Würfel

$$|t_k| \leqq \tfrac{1}{2} \qquad (k = 1, \dots, n)$$

entspricht. Die Entwicklung von $\varphi(\tau)$ zu einer beliebigen parabolischen Spitze s von G erhält man, indem man s durch eine reelle unimodulare Substitution A in die parabolische Spitze ∞ von $A\,\mathsf{G}\,A^{-1}$ überführt:

(40) $$A s = \infty, \quad A = \begin{pmatrix} a_0 & a_3 \\ a_1 & a_2 \end{pmatrix}.$$

Auf die Form

(41) $$\varphi^{A^{-1}}(\tau) = \frac{\varphi(A^{-1}\tau)}{\mathsf{N}(-a_1\tau + a_0)^r} = \mathsf{N}(a_1 A^{-1}\tau + a_2)^r\, \varphi(A^{-1}\tau)$$

aus der linearen Schar $\{A\,\mathsf{G}\,A^{-1}, -r, v^{A^{-1}}\}$ sind dann die oben abgeleiteten Resultate anzuwenden. Kennzeichnen wir die zur Gruppe $A\,\mathsf{G}\,A^{-1}$ und zum Multiplikatorsystem $v^{A^{-1}}$ gehörigen Größen und Modulen durch den Index A, so folgt aus (38)

(42) $$\varphi^{A^{-1}}(\tau) = \sum_{\mu \subset \mathfrak{m}_A} a_A(\mu + \varkappa_A)\, e^{2\pi i S(\mu + \varkappa_A)\tau},$$

also nach (41):

(43) $$\mathsf{N}(a_1\tau + a_2)^r\, \varphi(\tau) = \sum_{\mu \subset \mathfrak{m}_A} a_A(\mu + \varkappa_A)\, e^{2\pi i S(\mu + \varkappa_A) A\tau}$$

Sei λ^2 der Multiplikator einer Substitution

$$U^\beta D_\lambda$$

aus der affinen Gruppe von $A\,\mathsf{G}\,A^{-1}$, dann folgt, wenn man auf beiden Seiten der Gleichung

$$\varphi^{A^{-1}}(\lambda^2\tau + \beta) = v^{A^{-1}}(U^\beta D_\lambda)\, \mathsf{N}\,\lambda^{-r}\, \varphi^{A^{-1}}(\tau)$$

die Reihenentwicklung (42) einträgt, aus der Eindeutigkeit dieser Entwicklung, daß

(44) $$a_A(\mu + \varkappa_A) = v^{A^{-1}}(U^\beta D_\lambda)\, \mathsf{N}\,\lambda^{-r}\, e^{-2\pi i S(\mu + \varkappa_A)\beta}\, a_A((\mu + \varkappa_A)\lambda^2)$$
$$\text{für } \mu \subset \mathfrak{m}_A, \quad U^\beta D_\lambda \subset A\,\mathsf{G}\,A^{-1}.$$

Neben s sei auch noch s_1 eine parabolische Spitze von G. Für reelle unimodulare Substitutionen A und A_1 sei dann

$$A s = A_1 s_1 = \infty .$$

Sind s und s_1 nach G äquivalent (der Fall $s = s_1$ mit eingeschlossen):

$$s_1 = L s, \quad L \subset \mathsf{G},$$

so gilt

(45) $$A_1^{-1} = L A^{-1} U^{\beta_0} D_{\lambda_0}$$

für gewisse β_0, λ_0. Mit $\mathfrak{t}_A$ und $\mathfrak{t}_{A_1}$ bezeichnen wir die Moduln der Translationen aus den affinen Gruppen von $A \mathsf{G} A^{-1}$ bzw. $A_1 \mathsf{G} A_1^{-1} = D_{\lambda_0^{-1}} U^{-\beta_0} \cdot A \mathsf{G} A^{-1} \cdot U^{\beta_0} D_{\lambda_0}$. Offenbar gilt also

(46) $$\mathfrak{t}_{A_1} = \mathfrak{t}_A \cdot \lambda_0^{-2} \quad \text{und} \quad \mathfrak{m}_{A_1} = \mathfrak{m}_A \cdot \lambda_0^2;$$

denn $\mathfrak{m}_A$ besteht aus den Lösungen μ von

$$\mathsf{S}(\mu\, \mathfrak{t}_A) \equiv 0 \bmod [1]$$

und $\mathfrak{m}_{A_1}$ entsprechend aus den Lösungen μ_1 von

$$\mathsf{S}(\mu_1\, \mathfrak{t}_{A_1}) \equiv 0 \bmod [1].$$

Bezeichnen wir noch

$$v^{A^{-1}}(U^\alpha) = e^{2\pi i \varrho_A(\alpha)}, \quad v^{A_1^{-1}}(U^{\alpha_1}) = e^{2\pi i \varrho_{A_1}(\alpha_1)}$$

für $\alpha \subset \mathfrak{t}_A$ und $\alpha_1 \subset \mathfrak{t}_{A_1}$, so schließt man mit Hilfe von (20), (19) und (18)

$$v^{A_1^{-1}}(U^{\alpha \lambda_0^{-2}}) = v^{A^{-1} U^{\beta_0} D_{\lambda_0}}(U^{\alpha \lambda_0^{-2}}) = v^{A^{-1}}(U^\alpha),$$

woraus erhellt, daß

(47) $$\varrho_{A_1}(\alpha \lambda_0^{-2}) \equiv \varrho_A(\alpha) \bmod [1] \quad \text{für} \quad \alpha \subset \mathfrak{t}_A.$$

Zwischen den Lösungen $\varkappa_A$ und $\varkappa_{A_1}$ von

$$\varrho_A(\alpha) \equiv \mathsf{S}(\varkappa_A \alpha) \bmod [1] \quad \text{für} \quad \alpha \subset \mathfrak{t}_A,$$

$$\varrho_{A_1}(\alpha_1) \equiv \mathsf{S}(\varkappa_{A_1} \alpha_1) \bmod [1] \quad \text{für} \quad \alpha_1 \subset \mathfrak{t}_{A_1}$$

besteht, wie man leicht erkennt, wenn man $\alpha_1 = \alpha \lambda_0^{-2}$ setzt, auf Grund von (47) und (46) der Zusammenhang

(48) $$\begin{aligned} \varkappa_A &\equiv \varkappa_{A_1} \lambda_0^{-2} \bmod \mathfrak{m}_A \\ \varkappa_{A_1} &\equiv \varkappa_A \lambda_0^2 \bmod \mathfrak{m}_{A_1}, \end{aligned}$$

der sich damit allein aus der Multiplikatoreigenschaft (13) für v ergibt, ohne daß man zu wissen braucht, ob es eine automorphe Form mit dem Multiplikatorsystem v gibt.

Aus den Transformationsregeln (19) und (20) folgt nacheinander

$$\varphi^{A_1^{-1}}(\tau) = \varphi^{LA^{-1}U^{\beta_0}D_{\lambda_0}}(\tau) = \sigma^{(r)}(L, A^{-1}U^{\beta_0}D_{\lambda_0})\,(\varphi^L)^{A^{-1}U^{\beta_0}D_{\lambda_0}}(\tau)$$
$$= \sigma^{(r)}(L, A^{-1}U^{\beta_0}D_{\lambda_0})\,v(L)\,\varphi^{A^{-1}U^{\beta_0}D_{\lambda_0}}(\tau),$$

wobei nach (19) und (17)

$$\varphi^{A^{-1}U^{\beta_0}D_{\lambda_0}}(\tau) = \sigma^{(r)}(A^{-1}, U^{\beta_0}D_{\lambda_0})\,\mathrm{N}\,\lambda_0^r\,\varphi^{A^{-1}}(\lambda_0^2\tau + \beta_0),$$

also insgesamt

$$\text{(49)}\quad \begin{gathered}\varphi^{A_1^{-1}}(\tau) = \sigma^{(r)}(L, A^{-1}U^{\beta_0}D_{\lambda_0})\,\sigma^{(r)}(A^{-1}, U^{\beta_0}D_{\lambda_0})\,v(L)\,\mathrm{N}\,\lambda_0^r\,\varphi^{A^{-1}}(\lambda_0^2\tau + \beta_0)\\ \text{für } A_1^{-1} = LA^{-1}U^{\beta_0}D_{\lambda_0},\ L \subset \mathsf{G}.\end{gathered}$$

Diese Gleichung besagt, daß es zu einer Serie von äquivalenten parabolischen Spitzen der Gruppe G im „wesentlichen" nur eine Entwicklung von der Art (42) gibt. Wir untersuchen jetzt, um zu einer strengen Definition der (ganzen) Form zu gelangen, das analytische Verhalten von $\varphi(\tau)$ in der Nähe der parabolischen Spitze ∞ und reduzieren zu diesem Zweck $\mathfrak{T}$ nach der affinen Gruppe A in G. Es sei $\mathfrak{t} = [\alpha_1, \ldots, \alpha_n]$ der Modul der Translationen aus A und $\lambda_1^2, \ldots, \lambda_{n-1}^2$ eine Basis für die Multiplikatoren der Substitutionen von A. Wir bezeichnen

$$\text{(50)}\quad \begin{aligned}&\tau = x + iy,\quad Y = \log y,\quad \Lambda_j = \log \lambda_j^2 && (j = 1, \ldots, n-1),\\ &\Lambda_0^{(\nu)} = \frac{1}{n} && (\nu = 1, \ldots, n),\\ &x = \sum_{j=1}^{n} \xi_j \alpha_j,\quad Y = \sum_{j=0}^{n-1} \eta_j \Lambda_j. &&\end{aligned}$$

Die Ungleichungen

$$\text{(51)}\quad \begin{aligned}&-\tfrac12 \leqq \xi_j < \tfrac12 && (j = 1, \ldots, n),\\ &-\tfrac12 \leqq \eta_k < \tfrac12 && (k = 1, \ldots, n-1)\end{aligned}$$

beschreiben einen Fundamentalbereich für A (vgl. M., § 3), den wir mit dem Bereich

$$\text{(52)}\quad \eta_0 \geqq \log \varkappa_0 \qquad (\varkappa_0 > 0)$$

zum Schnitt bringen; $\mathfrak{P}^{(\varkappa_0)}$ bezeichne diesen Durchschnitt. Die im Innern von $\mathfrak{T}$ regulär angenommene Form $\varphi(\tau)$ heißt in der Spitze ∞ regulär, wenn $\varphi(\tau)$ in $\mathfrak{P}^{(\varkappa_0)}$ beschränkt ist. Das soll vorausgesetzt werden. Erfüllen x und $y_1 > 0$ die Ungleichungen (51), dann ist für großes l, nämlich

$$\log l \geqq \frac{1}{n}(\log \varkappa_0 - \log \mathrm{N}\,y_1),$$

der Punkt $\tau = x + ily_1$ in $\mathfrak{P}^{(\varkappa_0)}$ gelegen, also nach (39)

$$\dot{a}(\mu_1 + \varkappa)\,e^{-2\pi l\,\mathrm{S}(\mu_1 + \varkappa)y_1} \qquad (\mu_1 \subset \mathfrak{m})$$

für $l \to \infty$ beschränkt; es ist also $a(\mu_1 + \varkappa) = 0$, falls $\mathsf{S}(\mu_1 + \varkappa)\, y_1 < 0$. Zu $\mu + \varkappa$, $\mu \subset \mathfrak{m}$ lasse sich $y > 0$ derart bestimmen, daß

$$\mathsf{S}(\mu + \varkappa)\, y < 0.$$

Wir reduzieren y mit Hilfe des Multiplikators λ^2 und erhalten $y\lambda^2 = y_1$. Wie wir gesehen haben, gibt es eine Lösung $\mu_1 \subset \mathfrak{m}$ von

$$(\mu_1 + \varkappa)\,\lambda^2 = (\mu + \varkappa);$$

für diese ist dann

$$\mathsf{S}(\mu_1 + \varkappa)\, y_1 = \mathsf{S}(\mu + x)\, y < 0,$$

also gilt, wie soeben gezeigt wurde, $a(\mu_1 + \varkappa) = 0$ und nach (44) auch $a(\mu + \varkappa) = 0$. In der Entwicklung (38) braucht demnach nur über die μ mit $\mu + \varkappa \geqq 0$ summiert zu werden, so daß nach (32):

$$(53) \qquad \varphi(\tau) = a_0 + \sum_{\substack{\mu + \varkappa > 0 \\ \mu \subset \mathfrak{m}}} a(\mu + \varkappa)\, e^{2\pi i \mathsf{S}(\mu + \varkappa)\tau},$$

wobei

$$a_0 = \begin{cases} a(0) & \text{für } \varkappa \subset \mathfrak{m}, \\ 0 & \text{für } \varkappa \not\subset \mathfrak{m}. \end{cases}$$

Umgekehrt folgt aus der Darstellung (53) leicht, daß $\varphi(\tau)$ im Bereich

$$(53\text{a}) \qquad |\xi_j| \leqq \varkappa_2, \quad |\eta_k| \leqq \varkappa_1, \quad \eta_0 \geqq \log \varkappa_0$$

$$(\varkappa_1, \varkappa_2 \text{ beliebig}, \varkappa_0 > 0;\ j = 1, \ldots, n;\ k = 1, \ldots, n-1)$$

beschränkt ist, woraus erhellt, daß die Definition der Regularität von $\varphi(\tau)$ in der Spitze ∞ von der Auswahl der Basen $\alpha_1, \ldots, \alpha_n$ und $\lambda_1^2, \ldots, \lambda_{n-1}^2$ nicht abhängt. $\varphi(\tau)$ heißt in der parabolischen Spitze s regulär, wenn $\varphi^{A^{-1}}(\tau)$ mit $As = \infty$ in der Spitze ∞ regulär ist; nach (49) hängt diese Definition von A nicht ab und überdies ist $\varphi(\tau)$ auch in allen nach G zu s äquivalenten parabolischen Spitzen regulär, wenn dies für s selbst zutrifft. Wir definieren jetzt $\varphi(\tau)$ als eine (ganze) automorphe Form für G von der Dimension $-r$ mit dem Multiplikatorsystem v, wenn $\varphi(\tau)$ im Innern von $\mathfrak{T}$ und in allen parabolischen Spitzen von G regulär ist und wenn die Umsetzungsformeln (5) gelten. Nach (19) ist mit $\varphi(\tau) \subset \{\mathsf{G}, -r, v\}$ auch die mit beliebigem reellen unimodularen A transformierte Form $\varphi^A(\tau) \subset \{A^{-1}\mathsf{G}A, -r, v^A\}$ eine ganze automorphe Form.

§ 2.

Poincarésche Reihen.

Ein ausreichendes Hilfsmittel, um die eingangs besprochenen Existenzsätze zu erhärten, hat man in den auf mehrere Veränderliche verallgemeinerten, für den Spezialfall $n = 1$ von Petersson betrachteten Reihen $G_{-r}(\tau; v; A, \Gamma; R)$ (vgl. l. c. [4])). Der Umstand, daß es für $n > 1$ auch hyperbolische Substitutionen gibt, welche eine parabolische Spitze als Fixpunkt haben, bringt ein neues

Element in die Theorie dieser Reihen. Der Vollständigkeit halber soll der in P. durchgeführte Ansatz, aus welchem die Formen $G_{-r}(\tau;\ v;\ A,\ \Gamma;\ R)$ entspringen, in diesem Paragraphen für $n > 1$ in extenso reproduziert werden.

Die zweiten Zeilen $\underline{M}_1, \underline{M}_2$ zweier reellen unimodularen Substitutionen M_1, M_2 heißen assoziiert, wenn $\underline{M}_2 = \lambda \underline{M}_1$ mit $\lambda^{(\nu)} > 0$ $(\nu = 1, \ldots, n)$. Die Punkte $\infty = \{\infty, \ldots, \infty\}$ und $s = A^{-1}\infty$ mit reellem unimodularen A seien parabolische Spitzen einer vorgelegten Transformationsgruppe G. Mit $\mathfrak{S}(A, \mathsf{G})$ bezeichnen wir ein vollständiges System von Substitutionen aus $A\,\mathsf{G}$ mit nicht assoziierten zweiten Zeilen. Für zwei Substitutionen $M_1, M_2 \subset A\,\mathsf{G}$ mit assoziierten zweiten Zeilen:

$$\underline{M}_1 = \lambda^{-1}\underline{M}_2$$

gilt

$$M_1 M_2^{-1} = U^{\beta} D_{\lambda} \subset A\,\mathsf{G}\,A^{-1} \quad \text{mit} \quad \lambda > 0$$

und umgekehrt. Sehen wir zwei verschiedene Systeme $\mathfrak{S}(A, \mathsf{G})$ bei gleichem Argument als nicht wesentlich verschieden an, so gilt in verständlicher Bezeichnung:

1. $\mathfrak{S}(U^{\beta} D_{\lambda} A, \mathsf{G}) = U^{\beta} D_{\lambda}\,\mathfrak{S}(A, \mathsf{G})$
   mit beliebigen reellen β und $\lambda \neq 0$,
2. $\mathfrak{S}(AS, S^{-1}\mathsf{G}\,S) = \mathfrak{S}(A, \mathsf{G})\,S$
   mit reellem unimodularen S,
3. $\mathfrak{S}(A, \mathsf{G}) = \mathfrak{S}(A, \mathsf{G})\,L$
   für $L \subset \mathsf{G}$.

In dem Ansatz

$$H_r(\tau;\ w;\ A, \mathsf{G};\ f) = \sum_{M \subset \mathfrak{S}(A,\mathsf{G})} \frac{f(M\tau)}{w(M)\,\mathsf{N}(m_1\tau + m_2)^r} \tag{54}$$

mit $\underline{M} = (m_1, m_2)$ versuchen wir $f(\tau) = f(\tau^{(1)}, \ldots, \tau^{(n)})$ und $w(M)$ so zu bestimmen, daß formal ohne Rücksicht auf Konvergenz

a) das einzelne Reihenglied sich nicht ändert, wenn man M durch eine andere Substitution mit assoziierter zweiter Zeile ersetzt,

b) (55) $H_r(L\tau;\ w;\ A, \mathsf{G};\ f) = v(L)\,\mathsf{N}(\gamma\tau + \delta)^r H_r(\tau;\ w;\ A, \mathsf{G};\ f)$

für $L \subset \mathsf{G}$ mit $\underline{L} = (\gamma, \delta)$ und ein Multiplikatorsystem v von G zur Dimension $-r$ gilt.

Sei

$$U^{\beta} D_{\lambda} \subset A\,\mathsf{G}\,A^{-1}, \quad \lambda > 0, \tag{56}$$

dann ändert sich $\mathsf{N}(m_1\tau + m_2)^r$ nicht, wenn man M durch $U^{\beta} D_{\lambda} M$ ersetzt; nach a) ist also zu fordern

$$f(\lambda^2\tau + \beta) = \frac{w(U^{\beta} D_{\lambda} M)}{w(M)}\,f(\tau). \tag{57}$$

Wir ersetzen im allgemeinen Glied von H_r den Punkt τ durch $L\tau$ ($L \subset \mathsf{G}$, $\underline{L} = (\gamma, \delta)$) und erhalten nach Multiplikation mit $\frac{1}{v(L)\,\mathsf{N}(\gamma\tau+\delta)^r}$ den Ausdruck

$$\frac{f(M^*\tau)}{\sigma(M,L)\,w(M)\,v(L)\,\mathsf{N}(m_1^*\tau+m_2^*)^r}$$

mit $M^* = ML$, $\underline{M}^* = (m_1^*, m_2^*)$. M^* durchläuft mit M ein System $\mathfrak{S}(A, \mathsf{G})$. Die Invarianz b) ist daher gewährleistet, wenn

$$(58) \qquad w(ML) = \sigma(M,L)\,w(M)\,v(L), \quad L \subset \mathsf{G}, \quad M \subset A\,\mathsf{G}.$$

Wählt man $w(A)$ beliebig fest von 0 verschieden und definiert

$$(59) \qquad w(M) = \sigma(A,L)\,w(A)\,v(L) \text{ für } M = AL, \quad L \subset \mathsf{G},$$

so läßt sich leicht zeigen, daß die Relationen (58) erfüllt sind und überdies für (56)

$$(60) \qquad \frac{w(U^\beta D_\lambda M)}{w(M)} = v^{A^{-1}}(U^\beta D_\lambda)$$

gilt. Aus (57) und (60) folgt, wenn man nur die parabolischen Substitutionen ($\lambda^2 = 1$) berücksichtigt, analog zur Entwicklung (42):

$$(61) \qquad f(\tau) = \sum_{\mu \subset \mathfrak{m}_A} b(\mu + \varkappa_A)\, e^{2\pi i \mathsf{S}(\mu+\varkappa_A)\tau}.$$

Darin brauchen die Koeffizienten $b(\mu + \varkappa_A)$ nur noch so gewählt zu werden, daß (57) für die hyperbolischen Substitutionen ($\lambda^2 \neq 1$) erfüllt ist; es muß also (44) gelten:

$$(62) \qquad \begin{aligned} v^{A^{-1}}(U^\beta D_\lambda)\, b((\mu+\varkappa_A)\lambda^2) &= e^{2\pi i \mathsf{S}(\mu+\varkappa_A)\beta}\, b(\mu+\varkappa_A) \\ \mu \subset \mathfrak{m}_A,\ U^\beta D_\lambda &\subset A\,\mathsf{G}\,A^{-1},\ \lambda \mathrel{\dot{>}} 0. \end{aligned}$$

Wir nennen $\mu_1 + \varkappa_A$ und $\mu_2 + \varkappa_A$ mit $\mu_1, \mu_2 \subset \mathfrak{m}_A$ assoziiert, wenn

$$\mu_2 + \varkappa_A = \lambda^2(\mu_1 + \varkappa_A)$$

und für λ die Beziehung (56) gilt. $\mathfrak{m}_A^*$ sei ein vollständiges System von Elementen $\mu \subset \mathfrak{m}_A$, für welche $\mu + \varkappa_A$ nicht assoziiert sind, und mit $\mathfrak{H}_A$ werde ein vollständiges System von Substitutionen

$$U^\beta D_\lambda \subset A\,\mathsf{G}\,A^{-1} \text{ mit } \lambda > 0$$

und verschiedenen Multiplikatoren λ^2 bezeichnet. Setzen wir zur Abkürzung noch für $\mu + \varkappa_A \neq 0$:

$$(63) \qquad g(\tau, \mu+\varkappa_A) = \sum_{U^\beta D_\lambda \subset \mathfrak{H}_A} \frac{1}{v^{A^{-1}}(U^\beta D_\lambda)}\, e^{2\pi i \mathsf{S}(\mu+\varkappa_A)(\lambda^2\tau+\beta)}$$

und für $\mu + \varkappa_A = 0$

$$(64) \quad g(\tau, 0) = \begin{cases} 1, & \text{wenn für alle } U^\beta D_\lambda \subset A\,\mathsf{G}\,A^{-1} : v^{A^{-1}}(U^\beta D_\lambda) = 1,\ \lambda > 0, \\ 0 & \text{sonst,} \end{cases}$$

so ergibt sich auf Grund von (62) die Entwicklung:

(65) $$f(\tau) = \sum_{\mu \subset \mathfrak{m}_A^*} b(\mu + \varkappa_A)\, g(\tau, \mu + \varkappa_A).$$

Die Koeffizienten $b(\mu + \varkappa_A)$ in (65) können beliebig gewählt werden. Wegen der Linearität von H_r im letzten Argument können wir uns nunmehr auf die Betrachtung von

(66) $$H_r(\tau; w; A, \mathsf{G}; g(\tau, \mu + \varkappa_A)) = G_{-r}(\tau; v; A, \mathsf{G}; \mu + \varkappa_A) \text{ für } \mu \subset \mathfrak{m}_A$$

beschränken; dabei wird noch $v(A) = w(A)$ gesetzt. Wir transformieren H_r mit einer reellen unimodularen Substitution S, für welche $S\,\infty$ parabolische Spitze von G:

(67) $$H_r^S(\tau; w; A, \mathsf{G}; f) = \sum_{M \subset \mathfrak{S}(A, \mathsf{G})} \frac{f(MS\tau)}{w(M)\, \sigma^{(r)}(M, S)\, \mathrm{N}\,(m_1^* \tau + m_2^*)^r},$$

wobei $\underline{M}S = (m_1^*, m_2^*)$, und setzen

(68) $$w^S(MS)\, \frac{w(A)\, \sigma^{(r)}(A, S)}{w^S(AS)} = w(M)\, \sigma^{(r)}(M, S).$$

Dann gilt mit $M = AL$

(69) $$w^S(MS) = \sigma^{(r)}(AS, S^{-1}LS)\, w^S(AS)\, v^S(S^{-1}LS).$$

Wenn $S \subset \mathsf{G}$, dann wähle man $w^S(AS) = w(AS)$, so daß $w^S = w$; im übrigen kann über $w^S(AS)$ willkürlich verfügt werden. Aus (67), (68) und (69) folgt nun

(70) $$H_r^S(\tau; w; A, \mathsf{G}; f) = \frac{w^S(AS)}{\sigma^{(r)}(A, S)\, w(A)}\, H_r(\tau; w^S; AS, S^{-1}\mathsf{G}S; f)$$

und speziell

(71) $$G_{-r}^S(\tau; v; A, \mathsf{G}; \mu + \varkappa_A) = \frac{v^S(AS)}{\sigma^{(r)}(A, S)\, v(A)}\, G_{-r}(\tau; v^S; AS, S^{-1}\mathsf{G}S; \mu + \varkappa_A).$$

Wir beweisen jetzt, daß sämtliche Reihen $G_{-r}(\tau; v; A, \mathsf{G}; \mu + \varkappa_A)$ für $r > 2$, $|v| = 1$ und $\mu + \varkappa_A \geqq 0$ absolut konvergieren. Für jeden Bereich (53a) läßt sich für G_{-r} eine von τ unabhängige konvergente Majorante angeben, womit auf Grund von (71) gezeigt sein wird, daß die Reihen G_{-r} ganze automorphe Formen darstellen.

Zunächst wird $g(\tau, \mu + \varkappa_A)$ für $\mu + \varkappa_A > 0$ und $|v| = 1$ abgeschätzt; dazu bestimmen wir eine Basis $\lambda_1^2, \ldots, \lambda_{n-1}^2$ der Multiplikatoren der Substitutionen aus $A\,\mathsf{G}\,A^{-1}$. Nach (63) gilt dann mit $\tau = x + iy$

(72) $$|g(\tau, \mu + \varkappa_A)| \leqq \sum_{r_1, \ldots, r_{n-1} = -\infty}^{\infty} e^{-2\pi \mathrm{S}(\mu + \varkappa_A) y \lambda_1^{2r_1} \cdots \lambda_{n-1}^{2r_{n-1}}}.$$

Diese Summe wird abgeschätzt. Mit $c_1, c_2, \ldots$ werden nur von A und G abhängige positive Konstanten bezeichnet. Es sei c_1 so bestimmt, daß

$$-2\pi\,\mathsf{S}\,(\mu+\varkappa_A)\,y\,\lambda_1^{2\nu_1}\ldots\lambda_{n-1}^{2\nu_{n-1}} \leqq -c_1\,\mathsf{S}\,(\mu+\varkappa_A)\,y\,\lambda_1^{2x_1}\ldots\lambda_{n-1}^{2x_{n-1}}$$

$$\text{für}\quad \nu_k \leqq x_k \leqq \nu_k+1 \quad (k=1,2,\ldots,n-1).$$

Dann gilt nach (72)

$$(73)\qquad |g(\tau,\mu+\varkappa_A)| \leqq \int_{-\infty}^{\infty}\!\!\cdots\!\int e^{-c_1\,\mathsf{S}\,(\mu+\varkappa_A)\,y\,\lambda_1^{2x_1}\ldots\lambda_{n-1}^{2x_{n-1}}}\,dx_1\ldots dx_{n-1}.$$

Setzen wir zur Abkürzung

$$(74)\qquad \varrho = (\mu+\varkappa_A)\,y,\quad \varrho_1 = c_1\,\mathsf{N}\,\varrho^{\frac{1}{n}}$$

und substituieren

$$z^{(\nu)} = \sum_{k=1}^{n-1} x_k \log \lambda_k^{(\nu)2} + \log \frac{\varrho^{(\nu)}}{\mathsf{N}\,\varrho^{\frac{1}{n}}} \qquad (\nu = 1,\ldots,n),$$

wobei

$$(74\text{a})\qquad \sum_{\nu=1}^{n} z^{(\nu)} = 0$$

und

$$\left|\frac{\partial(x_1,\ldots,x_{n-1})}{\partial(z^{(1)},\ldots,z^{(n-1)})}\right| = c_2,$$

dann folgt nach (73)

$$(75)\qquad |g(\tau,\mu+\varkappa_A)| \leqq c_2 \int_{-\infty}^{\infty}\!\!\cdots\!\int e^{-\varrho_1\,\mathsf{S}\,e^z}\,dz^{(1)}\ldots dz^{(n-1)}$$

Sei $(z^{(1)},\ldots,z^{(n)})$ ein von $(0,\ldots,0)$ verschiedener fester Punkt und $z^{(\nu)} \leqq z^{(\iota)}$ $(\nu = 1,\ldots,n)$; da nach (74a) $z^{(\iota)} > 0$ und

$$\sum_{\operatorname{sgn} z^{(\nu)}=+1} z^{(\nu)} = \sum_{\operatorname{sgn} z^{(\nu)}=-1} |z^{(\nu)}|,$$

also

$$|z^{(\nu)}| \leqq (n-1)\,z^{(\iota)} \quad \text{für}\quad \operatorname{sgn} z^{(\nu)} = -1,$$

so kann auf

$$R^2 = \sum_{\nu=1}^{n-1} z^{(\nu)2} \leqq (n-1)^3\,z^{(\iota)2},$$

$$(76)\qquad -\mathsf{S}\,e^z \leqq -e^{z^{(\iota)}} \leqq -e^{(n-1)^{-\frac{3}{2}}R}$$

geschlossen werden. Wir schreiben das Integral (75) auf Polarkoordinaten um:

$$\begin{aligned} z^{(1)} &= R \cos \varphi_1 \cos \varphi_2 \ldots \cos \varphi_{n-3} \cos \varphi_{n-2} \\ z^{(2)} &= R \cos \varphi_1 \cos \varphi_2 \ldots \cos \varphi_{n-3} \sin \varphi_{n-2} \\ &\ldots\ldots\ldots\ldots\ldots\ldots \\ z^{(n-2)} &= R \cos \varphi_1 \sin \varphi_2 \\ z^{(n-1)} &= R \sin \varphi_1 \end{aligned}$$

$$\left| \frac{\partial (z^{(1)}, z^{(2)}, \ldots, z^{(n-1)})}{\partial (R, \varphi_1, \ldots, \varphi_{n-2})} \right| = R^{n-2} \,|\cos^{n-3} \varphi_1 \cos^{n-4} \varphi_2 \ldots \cos \varphi_{n-3}|$$

und erhalten unter Berücksichtigung von (76) die Abschätzung

$$|g(\tau, \mu + \varkappa_A)| \leqq c_3 \int_0^\infty e^{-\varrho_1 e^R} R^{n-2}\, dR = c_3 \int_1^\infty e^{-\varrho_1 z} (\log z)^{n-2} \frac{dz}{z}$$

$$\leqq c_3 e^{-\frac{\varrho_1}{2}} \int_1^\infty e^{-\frac{\varrho_1}{2} z} (\log z)^{n-2} \frac{dz}{z} = c_3 e^{-\frac{\varrho_1}{2}} \int_{\frac{\varrho_1}{2}}^\infty e^{-z} \left(\log \frac{2z}{\varrho_1}\right)^{n-2} \frac{dz}{z}$$

$$\leqq c_4 e^{-\frac{\varrho_1}{2}} \int_{\frac{\varrho_1}{2}}^\infty e^{-z} \{|\log 2z|^{n-2} + |\log \varrho_1|^{n-2}\} \frac{dz}{z}$$

$$\leqq e^{-\frac{\varrho_1}{2}} \left\{ c_5 + \int_{\frac{\varrho_1}{2}}^1 e^{-z} |\log 2z|^{n-2} \frac{dz}{z} + c_6 |\log \varrho_1|^{n-2} + c_4 |\log \varrho_1|^{n-2} \int_{\frac{\varrho_1}{2}}^1 e^{-z} \frac{dz}{z} \right\}.$$

Für $\varrho_1 \geqq 2$ sind die letzten beiden Integrale beschränkt; für $\varrho_1 < 2$ sind sie abgeschätzt durch $|\log \varrho_1|^{n-2}\ |\log \frac{\varrho_1}{2}|$ bzw. $|\log \frac{\varrho_1}{2}|$, so daß

$$(77) \qquad |g(\tau, \mu + \varkappa_A)| \leqq e^{-c_7 \{\mathrm{N}(\mu + \varkappa_A) y\}^{\frac{1}{n}}} (c_8 + c_9 |\log \mathrm{N}(\mu + \varkappa_A) y|^{n-1}).$$

Wir ersetzen in (77) τ durch $M\tau$ ($M \subset \mathfrak{S}(A, \mathrm{G})$, $\underline{M} = (m_1, m_2)$); an Stelle von $\mathrm{N} y$ tritt dann

$$\mathrm{N} y_1 = \frac{\mathrm{N} y}{\mathrm{N} |m_1 \tau + m_2|^2}.$$

Es gibt nur endlich viele solche M, für welche $m_1 = 0$. Ferner ist nach M., § 1 entweder $m_1 = 0$ oder $c_{10} |\mathrm{N} m_1| \geqq 1$. Beschränken wir uns auf die Punkte des Bereichs

$$(78) \qquad \mathrm{N} y \geqq \varkappa_0 > 0,$$

so gilt mit nur von $A, \mathsf{G}, \mu + \varkappa_A, \varkappa_0$ abhängigen positiven Konstanten $g_1, g_2, \ldots$

$$(79)\quad |g(M\tau, \mu + \varkappa_A)| \leqq \begin{cases} e^{-g_1 \mathsf{N} y^{\frac{1}{n}}}(g_2 + g_3 |\log \mathsf{N}\, y|^{n-1}) & \text{für } m_1 = 0, \\ g_4 + g_5 |\log \mathsf{N}\, y|^{n-1} + g_6 |\log \mathsf{N}|m_1\tau + m_2||^{n-1} & \text{für } m_1 \neq 0. \end{cases}$$

Beachten wir für $\mathsf{N}\, y \geqq 1$ und $m_1 \neq 0$ die Abschätzung

$$\mathsf{N}\, y \leqq c_{10}\, \mathsf{N}\, |m_1 y| \leqq c_{10}\, \mathsf{N}\, |m_1\tau + m_2|,$$

$$|\log \mathsf{N}\, y| \leqq |\log c_{10}| + |\log \mathsf{N}\, |m_1\tau + m_2||,$$

so folgt allgemein

$$|g(M\tau, \mu + \varkappa_A)| \leqq g_7 + g_8 |\log \mathsf{N}\, |m_1\tau + m_2||^{n-1}.$$

Die Reihe $G_{-r}(\tau; v; A, \mathsf{G}; \mu + \varkappa_A)$ hat daher im Gebiet (78) die Majorante

$$(80)\quad \sum_{M \subset \mathfrak{S}(A, \mathsf{G})} \frac{g_7 + g_8 |\log \mathsf{N}\, |m_1\tau + m_2||^{n-1}}{\mathsf{N}\, |m_1\tau + m_2|^r},$$

welche offenbar für $r > 2$ und

$$(81)\quad \begin{gathered} |x^{(\nu)}| \leqq C_0, \quad \mathsf{N}\, y \geqq \varkappa_0 \\ C_1 \mathsf{N}\, y^{\frac{1}{n}} \leqq y^{(\nu)} \leqq C_2 \mathsf{N}\, y^{\frac{1}{n}} \end{gathered} \qquad (\nu = 1, 2, \ldots, n)$$

gleichmäßig konvergiert, wenn dies für die Reihe

$$(82)\quad \sum_{M \subset \mathfrak{S}(A, \mathsf{G})} \frac{1}{\mathsf{N}\, |m_1\tau + m_2|^r}$$

zutrifft. Da für die Punkte von (81)

$$\mathsf{N}\, |m_1\tau + m_2| \geqq C'\, \mathsf{N}\, |m_1 i + m_2|$$

mit positivem $C' = C'(C_0, C_1, C_2, \varkappa_0)$ gilt (vgl. P. V, Hilfssatz 3), so reduziert sich die Frage nach der gleichmäßigen Konvergenz von (82) über (81) auf die Konvergenz von (82) in dem speziellen Punkt $\tau = i$. Die letzte Vereinfachung in der Betrachtung auf den Fall $A = E$ kann vermöge

$$\mathfrak{S}(A, \mathsf{G})\, A^{-1} = \mathfrak{S}(E, A\, \mathsf{G}\, A^{-1})$$

wörtlich wie in P. V, S. 148 vorgenommen werden. Es verbleibt also nur, die Konvergenz von

$$\sum_{L \subset \mathfrak{S}(E, \mathsf{G})} \frac{1}{\mathsf{N}\, |\gamma\tau + \delta|^r} \qquad (r > 2)$$

zu zeigen. Als wesentliches Hilfsmittel wird dabei, in Anlehnung an die Konvergenzuntersuchungen in P. V, der nichteuklidische Volumeninhalt in $\mathfrak{T}$ herangezogen. τ_0 sei ein festgewählter innerer Punkt von $\mathfrak{T}$. Wir denken uns dann ein solches Repräsentantensystem $\mathfrak{S}(E, \mathsf{G})$ ausgewählt, daß bei geeigneter Wahl der positiven Konstanten C_0, C_1, C_2 für alle $L\tau_0 = x_{0L} + i y_{0L}$ ($L \subset \mathfrak{S}(E, \mathrm{G})$) die Ungleichungen

$$(83)\qquad \begin{gathered} |x_{0L}^{(\nu)}| \leqq C_0 \\ C_1 \,\mathrm{N}\, y_{0L}^{\frac{1}{n}} \leqq y_{0L}^{(\nu)} \leqq C_2 \,\mathrm{N}\, y_{0L}^{\frac{1}{n}} \end{gathered} \qquad (\nu = 1, 2, \ldots, n)$$

erfüllt sind. Mit $s(\tau_1, \tau_2)$ bezeichnen wir den Abstand zweier Punkte $\tau_1, \tau_2 \subset \mathfrak{T}$ in der nichteuklidischen Maßbestimmung, welche dem Bereich $\mathfrak{T}$ in natürlicher Weise zugeordnet ist (vgl. M., § 2). Für diesen Abstand gilt die Beziehung

$$(84)\qquad s^2(\tau_1, \tau_2) = \sum_{\nu=1}^{n} (s^{(\nu)}(\tau_1^{(\nu)}, \tau_2^{(\nu)}))^2,$$

wobei $s^{(\nu)}(\tau_1^{(\nu)}, \tau_2^{(\nu)})$ der Abstand der Punkte $\tau_1^{(\nu)}$ und $\tau_2^{(\nu)}$, berechnet in der bekannten hyperbolischen Metrik der oberen $\tau^{(\nu)}$-Halbebene. Es sei $\mathfrak{K}$ eine nichteuklidische Kugel um $a_0 + i b_0$ mit dem Radius ϱ; $\mathfrak{K}$ ist enthalten in dem Bereich

$$s^{(\nu)}(\tau^{(\nu)}, a_0^{(\nu)} + i b_0^{(\nu)}) \leqq \varrho \qquad (\nu = 1, 2, \ldots, n),$$

folglich gilt für $\tau \subset \mathfrak{K}$ (vgl. dazu P. V, S. 144)

$$(85)\qquad \begin{gathered} b_0^{(\nu)} e^{-\varrho} \leqq y^{(\nu)} \leqq b_0^{(\nu)} e^{\varrho} \\ |\tau^{(\nu)} - (a_0^{(\nu)} + i b_0^{(\nu)})| \leqq b_0^{(\nu)} (e^{\varrho} - 1) \end{gathered} \qquad (\nu = 1, 2, \ldots, n).$$

Wir wählen eine feste Zahl ϱ_0 im Intervall

$$0 < \varrho_0 < \tfrac{1}{2} \min_{\substack{L \subset \mathrm{G} \\ L\tau_0 \neq \tau_0}} s(L\tau_0, \tau_0)$$

und bezeichnen mit $\mathfrak{K}_0$ die nichteuklidische Kugel um τ_0 mit dem Radius ϱ_0. Die Punktmengen $L_2\mathfrak{K}_0$, $L_1\mathfrak{K}_0$ ($L_2, L_1 \subset \mathrm{G}$) sind dann entweder fremd oder identisch, letzteres nur dann, wenn $L_2 = L_1 L$ mit $L\tau_0 = \tau_0$; l_0 sei die Anzahl dieser $L \subset \mathrm{G}$, welche τ_0 als Fixpunkt haben. Für $\tau = x + iy \subset \mathfrak{K}_0$, $L \subset \mathfrak{S}(E, \mathrm{G})$ sei $L\tau = x_L + i y_L$; nach (85) und (83) ist dann

$$(86)\qquad |x_L^{(\nu)} - x_{0L}^{(\nu)}| \leqq y_{0L}^{(\nu)} (e^{\varrho_0} - 1) \leqq C_2 (e^{\varrho_0} - 1) \,\mathrm{N}\, y_{0L}^{\frac{1}{n}} \quad (\nu = 1, \ldots, n),$$

ferner nach (83) und (85)

$$(87)\qquad \begin{aligned} C_1 e^{-2\varrho_0} \,\mathrm{N}\, y_L^{\frac{1}{n}} &\leqq C_1 e^{-\varrho_0} \,\mathrm{N}\, y_{0L}^{\frac{1}{n}} \leqq e^{-\varrho_0} y_{0L}^{(\nu)} \leqq y_L^{(\nu)} \\ &\leqq e^{\varrho_0} y_{0L}^{(\nu)} \leqq C_2 e^{\varrho_0} \,\mathrm{N}\, y_{0L}^{\frac{1}{n}} \leqq C_2 e^{2\varrho_0} \,\mathrm{N}\, y_L^{\frac{1}{n}}, \end{aligned}$$

also mit $C_3 = C_1 e^{-2\varrho_0}$, $C_4 = C_2 e^{2\varrho_0}$ schließlich

$$(88)\qquad C_3 \,\mathrm{N}\, y_L^{\frac{1}{n}} \leqq y_L^{(\nu)} \leqq C_4 \,\mathrm{N}\, y_L^{\frac{1}{n}} \qquad (\nu = 1, 2, \ldots, n).$$

Da

$$\mathsf{N}\, y_{0\,L} = \frac{\mathsf{N}\, y_0}{\mathsf{N}\,|\gamma\,\tau_0 + \delta\,|^2} \leqq \begin{cases} \mathsf{N}\, y_0 & \text{für } \gamma = 0, \\ \mathsf{N}\, y_0^{-1}\, \mathsf{N}\, \gamma^{-2} & \text{für } \gamma \neq 0 \end{cases}$$

und $\mathsf{N}\,\gamma^{-2}$ für $\gamma \neq 0$ beschränkt ist, so folgt aus (84), (86) und (87), daß

(89) $$|x_L^{(\nu)}| \leqq C_5, \quad y_L^{(\nu)} \leqq C_6 \qquad (\nu = 1, 2, \ldots, n).$$

$\mathfrak{D}_R$ sei der Durchschnitt der nichteuklidischen Kugel $\mathfrak{K}_R$ vom Radius R um $\tau = i$ mit der durch

(90) $$C_3\, \mathsf{N}\, y^{\frac{1}{n}} \leqq y^{(\nu)} \leqq C_4\, \mathsf{N}\, y^{\frac{1}{n}}$$

(91) $$|x^{(\nu)}| \leqq C_5 \qquad (\nu = 1, 2, \ldots, n)$$

definierten Punktmenge, in welcher nach (88) und (89) alle Kugeln $L\,\mathfrak{K}_0$ $(L \subset \mathfrak{S}\,(E, \mathsf{G}))$ enthalten sind. Man kann den nichteuklidischen, gegenüber Automorphismen von $\mathfrak{T}$ invarianten Volumeninhalt

(92) $$V(\mathfrak{D}_R) = \int_{\mathfrak{D}_R} \!\!\cdots\! \int \mathsf{N}\, \frac{d\,x\,d\,y}{y^2}$$

von $\mathfrak{D}_R$ mit Hilfe der nachfolgenden Überlegungen leicht abschätzen. Wir wählen eine Basis $\lambda_1^2, \ldots, \lambda_{n-1}^2$ für die Multiplikatoren der Substitutionen aus der affinen Gruppe von G und führen in (92) die Variablensubstitution

(93) $$y = z\, \lambda_1^{2\,x_1}\, \lambda_2^{2\,x_2} \ldots \lambda_{n-1}^{2\,x_{n-1}}, \qquad \left| \frac{\partial\,(y^{(1)}, y^{(2)}, \ldots, y^{(n)})}{\partial\,(z, x_1, \ldots, x_{n-1})} \right| = \Delta\, z^{n-1} \qquad (\Delta \text{ konstant} > 0)$$

aus. Nach (90) gilt für $\tau \subset \mathfrak{D}_R$

$$z^n = \mathsf{N}\, y, \quad C_3 \leqq \frac{y}{z} = \lambda_1^{2\,x_1} \ldots \lambda_{n-1}^{2\,x_{n-1}} \leqq C_4,$$

woraus

(94) $$|x_k| \leqq C_7 \qquad (k = 1, 2, \ldots, n-1)$$

folgt. Eine in $\mathfrak{D}_R$ gültige Abschätzung für z gewinnt man in folgender Weise. Integriert man geradlinig vom Punkte i über $x^{(\nu)} + i$ nach $\tau^{(\nu)} = x^{(\nu)} + i\,y^{(\nu)}$, so erhält man auf Grund der Minimumeigenschaft von $s^{(\nu)}(\tau^{(\nu)}, i)$ einerseits

$$s^{(\nu)}(\tau^{(\nu)}, i) \leqq \int_i^{\tau^{(\nu)}} \frac{\sqrt{d\,x^{(\nu)2} + d\,y^{(\nu)2}}}{y^{(\nu)}} = |x^{(\nu)}| + |\log y^{(\nu)}| \leqq C_8 + |\log \mathsf{N}\, y^{\frac{1}{n}}|$$

mit $C_8 = C_5 + \mathrm{Max}\,(-\log C_3, \log C_4)$, andererseits nach (85)

$$s^{(\nu)}(\tau^{(\nu)}, i) \geqq |\log y^{(\nu)}| \geqq |\log \mathsf{N}\, y^{\frac{1}{n}}| - C_9$$

mit $C_9 = \mathrm{Max}\,(-\log C_3,\, \log C_4)$, insgesamt also

$$(95)\qquad \begin{aligned} s^{(\nu)}(\tau^{(\nu)}, i) &= |\log \mathsf{N}\, y^{\frac{1}{n}}| + \xi^{(\nu)}, \\ |\xi^{(\nu)}| &\leqq C_{10} = \mathrm{Max}\,(C_8, C_9). \end{aligned}$$

Die Zahl δ_0 sei im Intervall

$$(96)\qquad 0 < \delta_0 < \frac{r-2}{r+2}$$

fest gewählt. Unter der Voraussetzung

$$(97)\qquad R \geqq C_{11} = C_{10}\frac{(1-\delta_0)}{\delta_0}\sqrt{n}$$

zeigen wir, daß

$$(98)\qquad z \geqq e^{-\frac{1}{1-\delta_0}\frac{1}{\sqrt{n}}R}$$

Beachtet man (95), dann nimmt der Beweis von (98) folgenden Verlauf. Wenn $C_{10} > \delta_0\,|\log \mathsf{N}\, y^{\frac{1}{n}}|$, dann gilt

$$-\frac{C_{10}}{\delta_0} < -|\log \mathsf{N}\, y^{\frac{1}{n}}| = -|\log z| \leqq \log z,$$

$$-\frac{1}{1-\delta_0}\frac{1}{\sqrt{n}}R \leqq -\frac{C_{10}}{\delta_0} \leqq \log z,$$

also (98); es kann also $C_{10} \leqq \delta_0\,|\log \mathsf{N}\, y^{\frac{1}{n}}|$ angenommen werden. Aus $\tau \subset \mathfrak{K}_R$, d. h.

$$(99)\qquad \sum_{\nu=1}^{n}(|\log \mathsf{N}\, y^{\frac{1}{n}}| + \xi^{(\nu)})^2 \leqq R^2,$$

schließt man dann

$$n\,|\log \mathsf{N}\, y^{\frac{1}{n}}|^2\,(1-\delta_0)^2 \leqq R^2,$$

also ebenfalls

$$\log z = \log \mathsf{N}\, y^{\frac{1}{n}} \geqq -|\log \mathsf{N}\, y^{\frac{1}{n}}| \geqq -\frac{1}{1-\delta_0}\frac{1}{\sqrt{n}}R.$$

Aus (91), (92), (93), (94) und (98) ergibt sich damit für $R \geqq C_{11}$ die Abschätzung

$$(100)\qquad \begin{aligned} V(\mathfrak{D}_R) &\leqq \Delta\,(2\,C_5)^n\,(2\,C_7)^{n-1}\int\limits_{e^{-\frac{1}{1-\delta_0}\frac{1}{\sqrt{n}}R}}^{\infty}\frac{dz}{z^{n+1}} \\ &= n\,\Delta\,(2\,C_5)^n\,(2\,C_7)^{n-1}\,e^{\frac{1}{1-\delta_0}\sqrt{n}\,R} = C_{12}\,e^{\frac{1}{1-\delta_0}\sqrt{n}\,R}. \end{aligned}$$

Sei $L \subset \mathfrak{S}(E, \mathsf{G})$, $\tau \subset \mathfrak{K}_0$ und

$$s(L\tau_0, i) \geqq C_{10}\frac{1+\delta_0}{\delta_0}\sqrt{n} + \varrho_0, \tag{101}$$

also

$$s(L\tau, i) \geqq C_{10}\frac{1+\delta_0}{\delta_0}\sqrt{n}. \tag{102}$$

Dann muß $C_{10} \leqq \delta_0 \,|\log \mathsf{N}\, y_L^{\frac{1}{n}}|$ gelten, da andernfalls nach (95) und (84)

$$s(L\tau, i)^2 < n\left(\frac{C_{10}}{\delta_0} + C_{10}\right)^2 = C_{10}^2\frac{(1+\delta_0)^2}{\delta_0^2}\,n$$

im Widerspruch zu (101). Es folgt daher nach (95)

$$s(L\tau, i) \leqq \sqrt{n}\,(1+\delta_0)\,|\log \mathsf{N}\, y_L^{\frac{1}{n}}|,$$

mithin unter der Voraussetzung (101)

$$\sum_{\nu=1}^{n} s^{(\nu)}(L^{(\nu)}\tau^{(\nu)}, i) \geqq \sum_{\nu=1}^{n} |\log y_L^{(\nu)}| \geqq |\log \mathsf{N}\, y_L|$$

$$\geqq \sqrt{n}\,\frac{1}{1+\delta_0}\,s(L\tau, i).$$

Wie in P. V, S. 145 erhält man aus (89)

$$e^{s^{(\nu)}(L^{(\nu)}\tau^{(\nu)}, i)} \leqq \frac{C_5^2 + (y_L^{(\nu)}+1)^2}{y_L^{(\nu)}} \leqq \frac{y^{(\nu)}}{y_L^{(\nu)}}\,C_{13}^{\frac{1}{n}}$$

und damit

$$\mathsf{N}\frac{y_L}{y} = \frac{1}{\mathsf{N}|\gamma\tau+\delta|^2} \leqq C_{13}\,e^{-\sum_{\nu=1}^{n} s^{(\nu)}(L^{(\nu)}\tau^{(\nu)}, i)} \leqq C_{13}\,e^{-\sqrt{n}\frac{1}{1+\delta_0}s(L\tau, i)}. \tag{103}$$

Es sei $\mathfrak{S}_{R'}$ die Menge, $m_{R'}$ die Anzahl der $L \subset \mathfrak{S}(E, \mathsf{G})$ mit $L\tau_0 \subset \mathfrak{D}_{R'}$; V_0 bezeichne das nichteuklidische Volumen von $\mathfrak{K}_0$. Ein Vergleich der Volumina liefert

$$m_{R'}\,V_0 \leqq l_0\,V(\mathfrak{D}_{R'+\varrho_0}) \leqq l_0\,C_{12}\,e^{\frac{1}{1-\delta_0}\sqrt{n}(R'+\varrho_0)},$$

falls $R' + \varrho_0 \geqq C_{11}$, also

$$m_{R'} \leqq C_{14}\,e^{\frac{1}{1-\delta_0}\sqrt{n}R'} \quad \text{für } R' \geqq C_{11} - \varrho_0. \tag{104}$$

Wir wählen einen festen, die Ungleichung

$$R \geqq \operatorname{Max}\left(C_{11} - \varrho_0,\; C_{11}\frac{1+\delta_0}{\delta_0}\sqrt{n} + \varrho_0\right)$$

befriedigenden Wert für R und setzen

$$\mathfrak{T}_1 = \mathfrak{S}_R, \quad \mathfrak{T}_m = \mathfrak{S}_{mR} - \mathfrak{S}_{(m-1)R} \quad \text{für } m \geqq 2.$$

Für $L \subset \mathfrak{T}_m$, $m \geqq 2$ ist dann (101) erfüllt und (104) mit $R' = mR$ anzuwenden:

$$
(105)\quad
\begin{aligned}
\sum_{L \subset \mathfrak{T}_m} \frac{1}{\mathrm{N}\,|\gamma\tau+\delta|^r} &\leqq C_{14}\, e^{\frac{1}{1-\delta_0}\sqrt{n}\, m R} \cdot C_{13}^{\frac{r}{2}}\, e^{-\sqrt{n}\,\frac{1}{1+\delta_0}((m-1)R-\varrho_0)\frac{r}{2}} \\
&\leqq C_{15}\, e^{-\sqrt{n}\, R\, \varepsilon_0\, m},
\end{aligned}
$$

$$
\varepsilon_0 = \frac{r}{2(1+\delta_0)} - \frac{1}{(1-\delta_0)} = \frac{(r-2)-\delta_0(r+2)}{2(1-\delta_0^2)} > 0.
$$

Hieraus folgt

$$
\sum_{L \subset \mathfrak{S}_{R'}} \frac{1}{\mathrm{N}\,|\gamma\tau+\delta|^r} \leqq \sum_{L \subset \mathfrak{T}_1} \frac{1}{\mathrm{N}\,|\gamma\tau+\delta|^r} + C_{15}\, \frac{e^{-2\sqrt{n}\, R\, \varepsilon_0}}{1-e^{-\sqrt{n}\, R\, \varepsilon_0}}
$$

für beliebiges $R' \geqq 0$. Da die Summe über $\mathfrak{T}_1$ nur endlich viele Glieder enthält, ist also die behauptete gleichmäßige Konvergenz der Reihen $G_{-r}(\tau; v; A, \mathrm{G}; \mu + \varkappa_A)$ bewiesen. Wenn $\mu + \varkappa_A > 0$, dann geht nach (79) und (80) jedes Glied von G_{-r}, also auch G_{-r} selbst bei Annäherung von τ innerhalb (90) und (91) an die parabolische Spitze ∞ gegen 0. In der „Potenzreihenentwicklung" von G_{-r} zur Spitze ∞ kann dann ein konstantes Glied ungleich 0 nicht vorkommen. Wegen der Transformationsformeln für G_{-r} trifft dieser Sachverhalt für alle parabolischen Spitzen zu. Allgemein soll eine ganze Form eine Spitzenform heißen, wenn in den „Potenzreihenentwicklungen" der Form zu sämtlichen parabolischen Spitzen die konstanten Glieder verschwinden. Die Reihen G_{-r} sind also für $\mu + \varkappa_A > 0$ Spitzenformen.

Zusammenfassend stellen wir fest:

Satz 1. *Die Poincaréschen Reihen* $G_{-r}(\tau; v; A, \mathrm{G}; \mu + \varkappa_A)$ *stellen für* $r > 2$, $|v| = 1$, $\mu + \varkappa_A \geqq 0$ *ganze automorphe Formen, für* $\mu + \varkappa_A > 0$ *sogar Spitzenformen dar.*

Es gelten die Transformationsformeln (71). Die Entwicklungen von G_{-r} zu den parabolischen Spitzen können explizit angegeben werden und sind erwartungsgemäß von ähnlicher Beschaffenheit, wie die Potenzreihenentwicklungen im Spezialfall $n = 1$ [8]). Auch im allgemeinen setzen sich die Entwicklungskoeffizienten aus Werten von Besselschen Funktionen und verallgemeinerten Kloostermanschen Summen zusammen. Die Eisensteinreihen $G_{-r}(\tau; 1; A, \mathrm{M}(\mathfrak{n}), 0)$ ganzzahliger Dimension für die Hauptkongruenzuntergruppe $\mathrm{M}(\mathfrak{n})$ der Hilbertschen Modulgruppe $\mathbf{M}(1)$ zur Idealstufe $\mathfrak{n}$ hat Kloosterman [9]) ausführlich untersucht. Ich verweise ferner auf die

[8]) H. Petersson, Über die Entwicklungskoeffizienten der automorphen Formen, Acta mathematica **58** (1932), S. 169–215.

[9]) H. D. Kloosterman, Theorie der Eisensteinschen Reihen von mehreren Veränderlichen, Abhandlungen aus dem Math. Seminar der Hansischen Univ. **6** (1928), S. 163–188.

Arbeit[10]), in welcher erstmalig automorphe Formen nicht-ganzer Dimension in mehreren Veränderlichen, nämlich die Eisensteinreihen

$$G_{-\frac{k}{2}}(\tau; v_0; A, \mathsf{M}(\mathfrak{n}); 0)$$

für $n = 2$, das ϑ-Multiplikatorsystem v_0 und $k = 3, 5, 7, \ldots$ betrachtet worden sind.

Da nicht entschieden ist, wann die Reihen G_{-r} identisch verschwinden, so ist die Existenz von ganzen nicht identisch verschwindenden Formen zu einem vorgegebenen Multiplikatorsystem v noch nicht gesichert. Gewiß ist nur

$$(106) \qquad G_{-r}(\tau; 1; A, \mathsf{G}; 0) \not\equiv 0 \text{ für ganz rationales gerades } r > 2;$$

denn das konstante Glied in der Entwicklung dieser Form zur parabolischen Spitze $A^{-1}\infty$ ist von 0 verschieden, wie man leicht sieht. Wir beenden die Ausführungen dieses Paragraphen mit dem Beweis der folgenden Existenzaussage.

Satz 2. *Sei v ein vorgegebenes Multiplikatorsystem zu G für die Dimension $-r < -2$ mit $|v| = 1$, dann gibt es eine natürliche Zahl m derart, daß die Klasse $\{\mathsf{G}, -rm, v^m\}$ eine nicht identisch verschwindende ganze automorphe Form enthält.*

Zum Beweis bilden wir (vgl. S., S. 646) die Funktion

$$(107) \qquad F(z) = \sum_{M \subset \mathfrak{S}(A, \mathsf{G})} \left(z - \frac{v(M)\,\mathsf{N}(m_1\tau + m_2)^r}{g(M\tau, \mu + \varkappa_A)}\right)^{-1}$$

mit $\mu + \varkappa_A \geqq 0$, $r > 2$, $|v| = 1$. Aus der bewiesenen Konvergenz für die Reihen G_{-r} folgt die von $F(z)$. Wenn in einem speziellen Punkt τ der Nenner $g(M\tau, \mu + \varkappa_A)$ verschwindet, so ersetze man das zugehörige Reihenglied durch 0. $F(z)$ kann nicht identisch verschwinden, da bei allgemeiner Wahl von τ die Funktion $F(z)$ im Endlichen Pole erster Ordnung hat. In der Potenzreihenentwicklung nach z

$$(108) \qquad -F(z) = \sum_{m=1}^{\infty} z^{m-1} H_{rm}(\tau; v^m; A, \mathsf{G}; g^m(\tau, \mu + \varkappa_A))$$

mit

$$H_{rm}(\tau; v^m; A, \mathsf{G}; g^m(\tau, \mu + \varkappa_A)) = \sum_{M \subset \mathfrak{S}(A, \mathsf{G})} \frac{g^m(M\tau, \mu + \varkappa_A)}{v^m(M)\,\mathsf{N}(m_1\tau + m_2)^{rm}}$$

können daher nicht alle Koeffizienten identisch in τ verschwinden. Damit ist die Behauptung bewiesen; denn H_{rm} ist eine ganze Form in $\{\mathsf{G}, -rm, v^m\}$.

---

[10]) H. Maaß, Konstruktion ganzer Modulformen halbzahliger Dimension mit ϑ-Multiplikatoren in zwei Variablen, Math. Zeitschr. **43** (1938), S. 709–738.

§ 3.

Algebraische Relationen zwischen automorphen Formen.

Um zu einer Gruppe G eine Funktionentheorie zu entwickeln, muß G den eingangs erwähnten Forderungen genügen, die jetzt genauer präzisiert werden sollen. Wir setzen voraus, daß es nur endlich viele nicht äquivalente parabolische Spitzen von G gibt, und wählen ein festes volles System von nicht äquivalenten Spitzen $s_1 = \infty, s_2, \ldots, s_h$ $(h \geqq 1)$ aus. Die reellen unimodularen Substitutionen

$$A_1 = E,\; A_k = \begin{pmatrix} a_k & b_k \\ c_k & d_k \end{pmatrix} \qquad (k = 1, 2, \ldots, h)$$

seien derart bestimmt, daß

$$A_k s_k = \infty \qquad (k = 1, 2, \ldots, h).$$

Der Modul $\mathfrak{t}_k$ der Translationen in der affinen Gruppe von $A_k \mathsf{G} A_k^{-1}$ werde erzeugt von $\alpha_{k1}, \alpha_{k2}, \ldots, \alpha_{kn}$, und $\lambda_{k1}^2, \lambda_{k2}^2, \ldots, \lambda_{k\,n-1}^2$ sei eine Basis für die Gruppe der Multiplikatoren der affinen Substitutionen in $A_k \mathsf{G} A_k^{-1}$. Wir verabreden die Bezeichnung

$$\tau = x + i\,y,\; Y = \log y,\; \Lambda_{kj} = \log \lambda_{kj}^2 \quad (k = 1, \ldots, h;\, j = 1, \ldots, n-1),$$

(109)
$$\Lambda_{k0}^{(\nu)} = \frac{1}{n} \qquad (k = 1, \ldots, h;\, \nu = 1, \ldots, n),$$

$$x = \sum_{j=1}^{n} \xi_{kj}\,\alpha_{kj},\; Y = \sum_{j=0}^{n-1} \eta_{kj}\,\Lambda_{kj} \qquad (k = 1, \ldots, h)$$

und definieren die Punktmenge $A_k\,\mathfrak{P}_k^{(\varkappa_0)}$ durch

(110)
$$-\tfrac{1}{2} \leqq \xi_{kj} < \tfrac{1}{2} \qquad (j = 1, 2, \ldots, n),$$
$$-\tfrac{1}{2} \leqq \eta_{kl} < \tfrac{1}{2} \qquad (l = 1, 2, \ldots, n-1),$$

(111)
$$\eta_{k0} \geqq \log \varkappa_0 \qquad (\varkappa_0 > 0).$$

Die Forderung, der G genügen soll, läßt sich nunmehr folgendermaßen formulieren. Es soll möglich sein, die Vereinigungsmenge

(112)
$$\mathfrak{P}^{(\varkappa_0)} = \sum_{k=1}^{h} \mathfrak{P}_k^{(\varkappa_0)}$$

bei geeigneter Wahl eines hinreichend großen $\varkappa_0$ durch eine Punktmenge $\mathfrak{B}^{(\varkappa_0)}$, die mit ihrem Rand ganz im Innern von $\mathfrak{T}$ liegt, zu einem Fundamentalbereich

(113)
$$\mathfrak{F} = \mathfrak{P}^{(\varkappa_0)} + \mathfrak{B}^{(\varkappa_0)}$$

zu ergänzen. Nach den Ergebnissen von M., § 3 genügen die Hilbertschen Modulgruppen und deren Untergruppen von endlichem Index dieser Bedingung. Der Definition einer ganzen Form $\varphi(\tau)$ kann wegen

(114)
$$\varphi^{A_k^{-1}}(\tau) = \mathsf{N}\,(c_k A_k^{-1}\tau + d_k)^r\,\varphi(A_k^{-1}\tau) \quad (k = 1, 2, \ldots, h)$$

die folgende Fassung gegeben werden. Eine im Innern von $\mathfrak{T}$ regulär analytische Funktion $\varphi(\tau)$, die den Transformationsformeln (5) genügt, heißt eine ganze automorphe Form, wenn $\varphi^{A_k^{-1}}(\tau)$ in $A_k\,\mathfrak{P}_k^{(\varkappa_0)}$ oder $\mathsf{N}\,(c_k\,\tau + d_k)^r\,\varphi(\tau)$ in $\mathfrak{P}_k^{(\varkappa_0)}$ für $k = 1, 2, \ldots, h$ beschränkt ist. Wir setzen in fester Bedeutung für $k = 1, 2, \ldots, h$:

$$
\begin{aligned}
&v^{A_k^{-1}}(U^\alpha) = e^{2\pi i \varrho_k(\alpha)} \text{ für } \alpha \subset \mathfrak{t}_k \quad (\varrho_k(\alpha) \text{ linear in } \alpha),\\
(115)\qquad &\mathsf{S}\,(\mu_{k\,l}\,\alpha_{k\,m}) = \delta_{l\,m}, \quad \mathfrak{m}_k = [\mu_{k\,1}, \ldots, \mu_{k\,n}],\\
&\varrho_k(\alpha) \equiv \mathsf{S}\,(\varkappa_k\,\alpha) \bmod [1] \text{ für } \alpha \subset \mathfrak{t}_k.
\end{aligned}
$$

Für eine ganze Form $\varphi(\tau)$ gelten dann auf Grund von § 1 die Entwicklungen

$$
(116)\qquad \varphi^{A_k^{-1}}(\tau) = \sum_{\substack{\mu \subset \mathfrak{m}_k \\ \mu + \varkappa_k \gtrsim 0}} a_k(\mu + \varkappa_k)\, e^{2\pi i \mathsf{S}(\mu + \varkappa_k)\tau}
$$

mit

$$
(117)\qquad a_k(\mu + \varkappa_k) = \frac{1}{\Delta_k} \int \cdots \int_{\mathfrak{P}_k} \varphi^{A_k^{-1}}(\tau)\, e^{-2\pi i \mathsf{S}(\mu + \varkappa_k)\tau}\, d x^{(1)} \ldots d x^{(n)},
$$

wobei

$$
\mathsf{S}\,\mu_{k\,l}\,x = t_{k\,l}, \quad \left|\frac{\partial(x^{(1)}, \ldots, x^{(n)})}{\partial(t_{k\,1}, \ldots, t_{k\,n})}\right| = \Delta_k
$$

und $\mathfrak{P}_k$ die Punktmenge, welche dem Würfel

$$
-\tfrac{1}{2} \leqq t_{k\,l} \leqq \tfrac{1}{2} \qquad (l = 1, 2, \ldots, n)
$$

entspricht. Da für eine beliebige reelle unimodulare Substitution S mit $\underline{S} = (\gamma, \delta)$ die Beziehung

$$
\mathsf{N}\,y^* = \frac{\mathsf{N}\,y}{\mathsf{N}\,|\gamma\,\tau + \delta|^2}, \quad \mathfrak{Im}\,\tau = y, \quad \mathfrak{Im}\,S\,\tau = y^*
$$

gilt, folgt also für $|v| = 1$ und reelles r

$$
(118)\qquad \mathsf{N}\,y^{\frac{r}{2}}\,|\varphi(\tau)| = \mathsf{N}\,y^{*\frac{r}{2}}\,|\varphi(\tau^*)| = \mathsf{N}\,y_k^{\frac{r}{2}}\,|\varphi^{A_k^{-1}}(\tau_k)| \;\; (k = 1, \ldots, h),
$$

falls $L\tau = \tau^* = x^* + i y^*$, $L \subset \mathsf{G}$, $A_k\tau = \tau_k = x_k + i y_k$. Die nachfolgenden Ergebnisse dieses und des vierten Paragraphen sind in starker Anlehnung an die unter [3]) zitierte Siegelsche Untersuchung dargestellt und bewiesen worden. Ohne daß wir es stets bemerken, soll ständig $|v| = 1$ und r reell angenommen werden. Es gilt dann

Satz 3. *Eine ganze automorphe Form* $\subset \{\mathsf{G}, -r, v\}$ *positiver Dimension* $-r > 0$ *muß notwendig identisch verschwinden.*

Zum Beweis denken wir uns eine ganze Form $\varphi(\tau) \subset \{\mathsf{G}, -r, v\}$ mit $r < 0$ vorgelegt. Nach (118) ist der Ausdruck $\mathsf{N}\,y^{\frac{r}{2}}\,|\varphi(\tau)|$ invariant gegenüber den Substitutionen von G und auf Grund von $r < 0$ und der Definition einer ganzen Form im Fundamentalbereich $\mathfrak{F}$ beschränkt. Es gilt daher in ganz $\mathfrak{T}$

$$|\varphi(\tau)| < C\,\mathsf{N}\,y^{-\frac{r}{2}}$$

für eine gewisse Konstante C. Für $k = 1$ folgt dann nach (117) die Ungleichung

$$|a_1(\mu + \varkappa_1)|\,e^{-2\pi\,\mathsf{S}\,(\mu+\varkappa_1)y} < C\,\mathsf{N}\,y^{-\frac{r}{2}} \quad \text{für} \quad \mu \subset \mathfrak{m}_1,$$

aus welcher für $y \to 0$ geschlossen wird, daß alle $a_1(\mu + \varkappa_1) = 0$, d. h. daß $\varphi(\tau)$ identisch verschwindet. Satz 3 wird später ergänzt, indem wir zeigen werden, daß eine ganze Form der Dimension 0 notwendig konstant ist. Wir betrachten jetzt eine ganze Form $\varphi(\tau)$ nicht-positiver Dimension $-r$ und wollen voraussetzen, daß in den zugehörigen Entwicklungen (116)

$$(119)\qquad \begin{aligned} &a_k(\mu + \varkappa_k) = 0 \quad \text{für} \quad \mu \subset \mathfrak{m}_k \quad \text{und} \\ &\mathsf{N}\,(\mu + \varkappa_k) \leqq m \qquad\qquad (k = 1, 2, \ldots, h). \end{aligned}$$

Aus den nachfolgenden Abschätzungen, die sich auf die Voraussetzung (119) gründen, geht das wichtige Resultat hervor, daß $\varphi(\tau)$ identisch verschwindet, sobald m eine nur von r abhängige Schranke übertrifft. Mit $g_1, g_2, \ldots$ werden im folgenden positive, nur von G, A_k, α_{kj}, λ_{kl}^2 $(k = 1, \ldots, h;\ j = 1, \ldots, n;\ l = 1, \ldots, n-1)$ abhängige Konstanten bezeichnet. Zunächst wird $\varphi^{A_k^{-1}}(\tau_k)$ für $\tau_k \subset A_k(\mathfrak{P}_k^{(\varkappa_0)} + \mathfrak{B}^{\varkappa_0})$ abgeschätzt. Wegen der Konvergenz der Reihe (116) für alle Punkte von $\mathfrak{T}$ ist bei jeder Wahl von g_3, der Ausdruck $a_k(\mu + \varkappa_k)\,e^{-g_3\pi\,\mathsf{S}\,(\mu+\varkappa_k)}$ als Funktion von $\mu \subset \mathfrak{m}_k$ beschränkt. Wir wählen g_3 so klein, daß

$$(120)\qquad g_3 \leqq y_k^{(\nu)} = \mathfrak{Im}\,\tau_k^{(\nu)} \quad \text{für} \quad \tau_k \subset A_k(\mathfrak{P}_k^{(\varkappa_0)} + \mathfrak{B}^{(\varkappa_0)}),$$

und denken uns darauf $\varphi(\tau)$ so normiert, daß

$$(121)\qquad |a_k(\mu + \varkappa_k)| \leqq e^{\pi\,\mathsf{S}\,(\mu+\varkappa_k)y_k} \quad (\mu \subset \mathfrak{m}_k,\ k = 1, 2, \ldots, h)$$

für $\tau_k \subset A_k(\mathfrak{P}_k^{(\varkappa_0)} + \mathfrak{B}^{(\varkappa_0)})$. Für die Punkte dieses Bereichs gilt daher

$$(122)\qquad \left|\varphi^{A_k^{-1}}(\tau_k)\right| \leqq \sum_{\substack{\mu \subset \mathfrak{m}_k,\ \mu+\varkappa_k > 0 \\ \mathsf{N}\,(\mu+\varkappa_k) > m}} e^{-\pi\,\mathsf{S}\,(\mu+\varkappa_k)y_k}.$$

Für eine natürliche Zahl t sei $Z_k(t)$ die Anzahl der $\mu \subset \mathfrak{m}_k$, für welche

$$\mu + \varkappa_k > 0, \quad t - 1 < \mathsf{S}\,(\mu + \varkappa_k)\,y_k \leqq t, \quad \mathsf{N}\,(\mu + \varkappa_k) > m.$$

Nach (120) ist offenbar

$$Z_k(t) \leqq g_4\,t^n$$

und $Z_k(t) > 0$ nur dann, wenn $t^n \geqq \mathrm{N}(\mu + \varkappa_k)\, y_k > m\, \mathrm{N}\, y_k$, also $t > m^{\frac{1}{n}}\, \mathrm{N}\, y_k^{\frac{1}{n}}$, so daß aus (122) für $\tau_k \subset A_k(\mathfrak{P}_k^{(\varkappa_0)} + \mathfrak{B}^{(\varkappa_0)})$ die Abschätzung

$$|\varphi^{A_k^{-1}}(\tau_k)| \leqq g_4 \sum_{t > m^{\frac{1}{n}}\, \mathrm{N}\, y^{\frac{1}{n}}} t^n\, e^{-\pi(t-1)} < g_5\, e^{-\frac{\pi}{2} m^{\frac{1}{n}}\, \mathrm{N}\, y_k^{\frac{1}{n}}}$$

folgt. Variiert τ_k in $A_k(\mathfrak{P}_k^{(\varkappa_0)} + \mathfrak{B}^{(\varkappa_0)})$, so wird daher das Maximum M_k des Betrages von

$$\varphi^{A_k^{-1}}(\tau_k)\, e^{\frac{\pi}{4} m^{\frac{1}{n}}\, \mathrm{N}\, y_k^{\frac{1}{n}}}$$

im Endlichen, etwa in $\tau_k^0 \subset A_k(\mathfrak{P}_k^{(\varkappa_0)} + \mathfrak{B}^{(\varkappa_0)})$ angenommen. Es gilt also für $k = 1, 2, \ldots, h$

$$(123) \qquad |\varphi^{A_k^{-1}}(\tau_k)| \leqq M_k\, e^{-\frac{\pi}{4} m^{\frac{1}{n}}\, \mathrm{N}\, y_k^{\frac{1}{n}}} \quad \text{für } \tau_k \subset A_k(\mathfrak{P}_k^{(\varkappa_0)} + \mathfrak{B}^{(\varkappa_0)}),$$

im Punkt τ_k^0 sogar mit dem Gleichheitszeichen. Für eine geeignete, fest gewählte Zahl j aus der Reihe $1, 2, \ldots, h$ ist

$$(124) \qquad M_k \leqq M_j \qquad (k = 1, 2, \ldots, h).$$

Das Ziel unserer Überlegungen ist der Nachweis von $M_j = 0$. Zu einem beliebigen Punkt $\tau = x + i\, y$ von $\mathfrak{T}$ bestimme man der Reihe nach $\tau^* = A_j^{-1}\, \tau = x^* + i\, y^*$, $L \subset \mathrm{G}$ derart, daß $\tilde{\tau} = L \tau^* = \tilde{x} + i\, \tilde{y}$ in $\mathfrak{F}$ liegt, also etwa $\tilde{\tau} \subset (\mathfrak{P}_l^{(\varkappa_0)} + \mathfrak{B}^{(\varkappa_0)})$ für ein gewisses l und schließlich $\tau_l = A_l\, \tilde{\tau} = x_l + i\, y_l$. Es besteht dann nach (118)

$$\mathrm{N}\, y^{\frac{r}{2}}\, |\varphi^{A_j^{-1}}(\tau)| = \mathrm{N}\, y^{*\frac{r}{2}}\, |\varphi(\tau^*)| = \mathrm{N}\, \tilde{y}^{\frac{r}{2}}\, |\varphi(\tilde{\tau})| = \mathrm{N}\, y_l^{\frac{r}{2}}\, |\varphi^{A_l^{-1}}(\tau_l)|,$$

woraus sich mit (123) und (124)

$$|\varphi^{A_j^{-1}}(\tau)| \leqq M_j\, \mathrm{N}\, y^{-\frac{r}{2}}\, \mathrm{N}\, y_l^{\frac{r}{2}}\, e^{-\frac{\pi}{4} m^{\frac{1}{n}}\, \mathrm{N}\, y_l^{\frac{1}{n}}}$$

ergibt. Setzt man darin an Stelle von

$$z^{\frac{n r}{2}}\, e^{-\frac{\pi}{4} m^{\frac{1}{n}} z} \qquad (z = \mathrm{N}\, y_l^{\frac{1}{n}})$$

den maximalen Wert ein, der für $z \geqq 0$ an der Stelle $z = \frac{2 n r}{\pi}\, m^{-\frac{1}{n}}$ liegt, so erhält man

$$(125) \qquad |\varphi^{A_j^{-1}}(\tau)| \leqq M_j \left(\frac{2 n r}{e \pi}\, m^{-\frac{1}{n}}\, \mathrm{N}\, y^{-\frac{1}{n}}\right)^{\frac{n r}{2}}.$$

Diese Abschätzung gilt auch für $r = 0$, wenn man in diesem Fall r^r durch 1 ersetzt. Wir wählen speziell $\tau = x + i\,\frac{1}{2}\,y_j^0$, wobei y_j^0 der Imaginärteil des oben ausgezeichneten Punktes τ_j^0. Die Koeffizientenformel (117) liefert dann für $\mu \subset \mathfrak{m}_j$

$$a_j(\mu + \varkappa_j)\, e^{-2\pi\,\mathrm{S}(\mu + \varkappa_j)\, y_j^0}$$
$$= \frac{1}{\Delta_j}\int\limits_{\mathfrak{P}_j}\!\!\cdots\!\int \varphi^{A_j^{-1}}(\tau)\, e^{-2\pi i\,\mathrm{S}(\mu + \varkappa_j)x}\, d\,x^{(1)}\ldots d\,x^{(n)}\, e^{-\pi\,\mathrm{S}(\mu + \varkappa_j)\,y_j^0}$$

und führt über (125) zu

$$|\varphi^{A_j^{-1}}(\tau_j^0)| \leqq M_j\left(\frac{4\,n\,r}{e\,\pi}\, m^{-\frac{1}{n}}\, \mathrm{N}\, y_j^{0\,-\frac{1}{n}}\right)^{\frac{n\,r}{2}} \sum_{\substack{\mu \subset \mathfrak{m}_j,\ \mu + \varkappa_j > 0 \\ \mathrm{N}(\mu + \varkappa_j) > m}} e^{-\pi\,\mathrm{S}(\mu + \varkappa_j)\,y_j^0}.$$

Die letzte Summe ist oben durch $g_5\, e^{-\frac{\pi}{2} m^{\frac{1}{n}} \mathrm{N}\, y_j^{0\,\frac{1}{n}}}$ abgeschätzt worden. Beachtet man noch, daß in (123) für $k = j$ und $\tau_j = \tau_j^0$ das Gleichheitszeichen gilt, so ergibt sich schließlich die Ungleichung

$$M_j\, e^{\frac{\pi}{4} m^{\frac{1}{n}} \mathrm{N}\, y_j^{0\,\frac{1}{n}}} \leqq M_j\, g_5\left(\frac{4\,n\,r}{e\,\pi}\, m^{-\frac{1}{n}}\, \mathrm{N}\, y_j^{0\,-\frac{1}{n}}\right)^{\frac{n\,r}{2}}$$

und, wenn wir für $\mathrm{N}\, y_j^{0\,\frac{1}{n}}$ nach (120) den kleinsten Wert g_3 eintragen,

$$M_j\, e^{\frac{\pi}{4} g_3\, m^{\frac{1}{n}}} \leqq M_j\, g_5\left(\frac{4\,n\,r}{e\,\pi\, g_3}\, m^{-\frac{1}{n}}\right)^{\frac{n\,r}{2}}. \tag{126}$$

Auf $M_j = 0$ kann geschlossen werden, wenn

$$e^{\frac{\pi}{4} g_3\, m^{\frac{1}{n}}} > g_5, \quad \frac{4\,n\,r}{e\,\pi\, g_3}\, m^{-\frac{1}{n}} < 1$$

erfüllt ist. Dazu braucht man mit geeigneten g_1 und g_2 nur

$$m > \mathrm{Max}\,(g_1\, r^n, g_2)$$

zu fordern. Wir stellen damit fest:

Satz 4. *$\varphi(\tau)$ sei eine ganze Modulform $\subset \{\mathrm{G}, -r, v\}$ mit $r \geqq 0$ und $|v| = 1$. In den zugeordneten Entwicklungen*

$$\varphi^{A_k^{-1}}(\tau) = \sum_{\substack{\mu + \varkappa_k \gg 0 \\ \mu \subset \mathfrak{m}_k}} a_k(\mu + \varkappa_k)\, e^{2\pi i\,\mathrm{S}(\mu + \varkappa_k)\tau}$$

sei

$$a_k(\mu + \varkappa_k) = 0 \quad \textit{für} \quad \mu \subset \mathfrak{m}_k,\ \mathrm{N}(\mu + \varkappa_k) \leqq m \qquad (k = 1, \ldots, h), \tag{127}$$

dann verschwindet $\varphi(\tau)$ *identisch, sobald*

(128) $$m > \operatorname{Max}(g_1 r^n, g_2).$$

Da zwischen den Koeffizienten $a_k(\mu + \varkappa_k)$ mit assoziiertem Argument die Beziehung (44) besteht und es nur endlich viele nichtassoziierte $\mu + \varkappa_k$ mit $\mu \subset \mathfrak{m}_k$, $\mu + \varkappa_k \geqq 0$ und $\mathsf{N}(\mu + \varkappa_k) \leqq m$ gibt, wie unten näher ausgeführt wird, so kann auf Grund von Satz 4 jede Identität von automorphen Formen durch Ausrechnen von endlich vielen Zahlkoeffizienten in den Entwicklungen zu den parabolischen Spitzen verifiziert werden. Es folgt jetzt eine Untersuchung über die algebraischen Relationen, die zwischen ganzen automorphen Formen ganz rationaler Dimension mit dem Multiplikatorsystem 1 bestehen. Wenn $\varphi(\tau)$ eine ganze Form aus $\{\mathsf{G}, -r, v\}$, dann nennen wir r das Gewicht von $\varphi(\tau)$. Es seien k ganze Formen $\varphi_j(\tau) \subset \{\mathsf{G}, -r_j, 1\}$ von ganz rationalem Gewicht $r_j > 0$ $(j = 1, 2, \ldots, k)$ gegeben; dann heißt

$$f(\varphi_1, \varphi_2, \ldots, \varphi_k) = \sum a_{l_1 l_2 \ldots l_k} \varphi_1^{l_1} \varphi_2^{l_2} \ldots \varphi_k^{l_k},$$

wo über alle ganz rationalen $l_j \geqq 0$ mit $\sum_{j=1}^{k} l_j r_j = r$ summiert wird, ein isobares Polynom in $\varphi_1, \varphi_2, \ldots, \varphi_k$ vom Gewicht r, und wenn

$$f(\varphi_1(\tau), \ldots, \varphi_k(\tau)) \equiv 0,$$

ohne daß alle Zahlkoeffizienten $a_{l_1 \ldots l_k}$ verschwinden, so sagt man, zwischen den k Formen $\varphi_j(\tau)$ besteht eine isobare algebraische Gleichung vom Gewicht r. Wir zeigen die Existenz einer solchen Gleichung für irgendwelche in der Anzahl

(129) $$k = n + 2$$

vorgegebenen ganzen Formen $\varphi_j(\tau)$ von ganzzahligem positiven Gewicht r_j. Dazu setzen wir

$$R = \prod_{j=1}^{k} r_j, \quad q = t^{k-1} R^{k-2}$$

und bemerken, daß es bei beliebigem natürlichen t nach S., S. 639 mindestens $q + 1$ verschiedene Potenzprodukte $\varphi_1^{l_1} \varphi_2^{l_2} \ldots \varphi_k^{l_k}$ vom Gewicht $\sum_{j=1}^{k} l_j r_j = (2k - 2)\, t\, R$ mit $l_j \geqq 0$ $(j = 1, 2, \ldots, k)$ gibt. $q + 1$ verschiedene dieser Potenzprodukte werden in irgendeiner Reihenfolge mit $\Phi_0, \Phi_1, \ldots, \Phi_q$ bezeichnet. Die Koeffizienten der Linearform

$$\Phi = \varrho_0 \Phi_0 + \varrho_1 \Phi_1 + \ldots + \varrho_q \Phi_q$$

können dann nicht-trivial so bestimmt werden, daß q beliebige Koeffizienten in den h „Potenzreihenentwicklungen“ für $\Phi^{A_j^{-1}}(\tau)$ $(j = 1, 2, \ldots, h)$ zur Spitze ∞ zum Verschwinden gebracht werden; denn man braucht dazu nur q lineare homogene Gleichungen mit $q + 1$ Unbekannten zu lösen. Indem wir t hinreichend groß wählen, erfüllen wir die Voraussetzung dafür, daß Satz 4 auf $\varphi = \Phi$ angewendet werden kann. Das Verschwinden von $a_j(\mu + \varkappa_j)$ für $\mu \subset \mathfrak{m}_j$ hängt, wie wir sahen, nur von der Klasse $\{\mu + \varkappa_j\}$ der zu $\mu + \varkappa_j$ assoziierten Größen ab. In jeder solchen Klasse gibt es aber einen Repräsentanten, für welchen

$$g_6 \,\mathsf{N}(\mu + \varkappa_j)^{\frac{1}{n}} \leqq (\mu + \varkappa_j)^{(\nu)} \leqq g_7 \,\mathsf{N}(\mu + \varkappa_j)^{\frac{1}{n}} \quad (\nu = 1, 2, \ldots, n),$$

so daß für die Anzahl $K(m)$ der Klassen $\{\mu + \varkappa_j\}$ $(j = 1, 2, \ldots, h)$ mit $\mu + \varkappa_j \geqq 0$, $\mathsf{N}(\mu + \varkappa_j) \leqq m$ eine Abschätzung

$$K(m) \leqq g_8\, m$$

gilt. Wir fixieren m durch die Gleichung

$$q = g_8\, m \tag{130}$$

und können dann $\varrho_0, \varrho_1, \ldots, \varrho_q$ nicht sämtlich verschwindend so bestimmen, daß (127) für Φ erfüllt ist. (130) besagt

$$t\,(2k-2)^{-n}\,((2k-2)\,t\,R)^n = g_8\, m,$$

wobei $(2k-2)\,t\,R$ das Gewicht von Φ. Für $(2k-2)\,t \geqq g_9$ (= natürliche Zahl) ist daher auf Grund von Satz 4 $\Phi \equiv 0$. Dieses Ergebnis formulieren wir in

Satz 5. *Zwischen $n + 2$ ganzen automorphen Formen $\varphi_j(\tau) \subset \{\mathsf{G}, -r_j, 1\}$ von ganz rationalem Gewicht $r_j > 0$ $(j = 1, 2, \ldots, n+2)$ besteht eine isobare algebraische Gleichung vom Gewicht $g_9\, r_1\, r_2 \ldots r_{n+2}$.*

Es ergibt sich jetzt leicht

Satz 6. *Eine ganze automorphe Form $\subset \{\mathsf{G}, 0, 1\}$ ist notwendig konstant.*

Sei nämlich $\varphi(\tau) \subset \{\mathsf{G}, 0, 1\}$, dann liegt auch

$$\Phi = \varrho_0 + \varrho_1\,\varphi + \cdots + \varrho_q\,\varphi^q$$

in der Klasse $\{\mathsf{G}, 0, 1\}$. Für

$$q \geqq g_8\, m, \quad m > g_2$$

und ein geeignetes Zahlsystem $\varrho_0, \ldots, \varrho_q \neq 0, \ldots, 0$ ist nach Satz 4 $\Phi \equiv 0$, d. h. φ konstant, q. e. d.

§ 4.

Der Körper der automorphen Funktionen.

Eine automorphe Funktion $f(\tau)$ zu G definieren wir als Quotient $f = \frac{\varphi_1}{\varphi_2}$ $(\varphi_2 \not\equiv 0)$ zweier ganzer Formen $\varphi_1, \varphi_2 \subset \{\mathsf{G}, -r, v\}$ von beliebiger reeller Dimension $-r < 0$ mit einem Multiplikatorsystem v vom Betrag 1.

Die automorphen Funktionen bilden offenbar einen Körper. Mit der Feststellung, daß es sich hierbei um einen algebraischen Funktionskörper handelt, kommen wir jetzt zum Kern der Theorie. Eine wesentliche Beschränkung in der nachfolgenden Untersuchung gestattet

Satz 7. *Jede automorphe Funktion* $f(\tau)$ *zu* G *läßt sich als Quotient* $f = \frac{\psi_1}{\psi_2}$ $(\psi_2 \neq 0)$ *zweier ganzer Formen* $\psi_1, \psi_2 \subset \{\mathsf{G}, -g, 1\}$ *mit ganz rationalem* $g > 0$ *darstellen.*

Wenn nämlich $f = \frac{\varphi_1}{\varphi_2}$ $(\varphi_2 \neq 0)$ und $\varphi_1, \varphi_2 \subset \{\mathsf{G}, -r, v\}$, dann ist v^{-1} ein Multiplikatorsystem zur Dimension $-g_1 + r$, wobei g_1 ganz rational, und es gibt für $g_1 - r > 2$ nach Satz 2 eine natürliche Zahl m derart, daß $\{\mathsf{G}, -(g_1 - r)\, m, v^{-m}\}$ eine nicht identisch verschwindende ganze Form ψ enthält. Dann ist

$$f = \frac{\varphi_1 \varphi_2^{m-1} \psi}{\varphi_2^m \psi}, \quad \varphi_1 \varphi_2^{m-1} \psi,\ \varphi_2^m \psi \subset \{\mathsf{G}, -g_1 m, 1\},$$

q. e. d.

Unter den automorphen Funktionen von G kann es höchstens n algebraisch unabhängige geben; denn für $n + 1$ willkürlich vorgegebene automorphe Funktionen $f_j = \frac{\varphi_j}{\varphi_{n+2}}$ $(\varphi_{n+2} \neq 0,\ j = 1, 2, \ldots, n+1)$, die immer mit gemeinsamer Nennerform $\varphi_{n+2} \subset \{\mathsf{G}, -g, 1\}$ mit ganz rationalem g dargestellt werden können, entspringt aus der isobaren algebraischen Gleichung, die auf Grund von Satz 5 für die ganzen Formen $\varphi_1, \varphi_2, \ldots, \varphi_{n+2}$ besteht, eine algebraische Gleichung für die Funktionen $f_1, f_2, \ldots, f_{n+1}$. Es handelt sich darum, jetzt wirklich n algebraisch unabhängige automorphe Funktionen nachzuweisen. Dazu dienen die folgenden Überlegungen. Mit $\mathfrak{S}_0$ bezeichnen wir ein volles System von Matrizen aus G, deren zweite Zeilen nicht assoziiert im weiteren Sinne sind, d. h. für zwei Matrizen $M_1, M_2 \subset \mathfrak{S}_0$ soll nicht gelten

$$\underline{M}_2 = \lambda \underline{M}_1.$$

Die zusätzliche Einschränkung $\lambda > 0$, die wir oben bei der Definition von $\mathfrak{S}(E, \mathsf{G})$ gemacht haben, wird hier fallen gelassen. Offenbar ist

$$\mathfrak{S}(E, \mathsf{G}) = \sum_{l_1, \ldots, l_n = 0}^{1} E_1^{l_1} E_2^{l_2} \ldots E_n^{l_n} \mathfrak{S}_0$$

und daher für eine gerade natürliche Zahl $g > 2$

$$G_{-g}(\tau; 1; E, \mathsf{G}; 0) = 2^n \sum_{L \subset \mathfrak{S}_0} \frac{1}{\mathsf{N}(\gamma\tau + \delta)^g}, \tag{131}$$

wobei $L = (\gamma, \delta)$. Wir wählen für gerades natürliches $g > 2$ eine nicht identisch verschwindende ganze Form $\varphi_{-g}(\tau) \subset \{\mathsf{G}, -g, 1\}$, z. B. die eben notierte Eisensteinreihe $G_{-\varrho}$, und machen wie beim Beweis von Satz 2 einen Ansatz

$$(132)\qquad F(z) = \sum_{L \subset \mathfrak{S}_0} (z - \varphi_{-\varrho}(\tau)\, \mathrm{N}\,(\gamma\tau + \delta)^\varrho)^{-1}.$$

In der Potenzreihenentwicklung der nicht identisch verschwindenden Funktion

$$(133)\qquad -F(z) = \sum_{m=1}^{\infty} f_m(\tau)\, z^{m-1}$$

sind die Koeffizienten

$$f_m(\tau) = 2^{-n}\,(\varphi_{-\varrho}(\tau))^{-m}\, G_{-\varrho m}(\tau; 1; E, \mathsf{G}; 0)$$

automorphe Funktionen zu G. Es wird gezeigt, daß es unter den Funktionen $f_1, f_2, f_3, \ldots$ n algebraisch unabhängige gibt. Wir führen den Beweis indirekt, indem wir annehmen, daß alle Funktionen $f_m(\tau)$ von $n-1$ speziellen, etwa

$$(134)\qquad f_{k_j}(\tau) = \chi_j(\tau) \qquad (j = 1, 2, \ldots, n-1),$$

algebraisch abhängen, und daraus einen Widerspruch herleiten. Nach Annahme gibt es zu jeder natürlichen Zahl k ein Polynom $\omega_k(z)$, welches von z abhängt, Polynome in $\chi_1, \ldots, \chi_{n-1}$ als Koeffizienten und f_k als Nullstelle hat. $\omega_k(z)$ soll über dem von $\chi_1, \ldots, \chi_{n-1}$ erzeugten Körper als irreduzibel vorausgesetzt werden; demnach ist die Diskriminante d_k von $\omega_k(z)$ nicht identisch gleich Null. d_k ist ein Polynom in $\chi_1, \ldots, \chi_{n-1}$. Die Funktionsmatrix

$$(135)\qquad \left(\frac{\partial \chi_\mu(\tau)}{\partial \tau^{(\nu)}}\right) \quad (\mu = 1, \ldots, n-1;\ \nu = 1, \ldots, n)$$

habe den Rang r; mit Δ bezeichnen wir eine r-reihige Unterdeterminante von (135), welche nicht identisch verschwindet. Bei den folgenden Überlegungen beachte man, daß die Funktionen $\varphi_{-\varrho}$, f_k und damit auch Δ, d_k $(k = 1, 2, \ldots)$ an jeder Stelle τ von $\mathfrak{T}$ als Quotienten von Potenzreihen in τ dargestellt werden können. Mit $\mathfrak{B}_0, \mathfrak{B}_1, \mathfrak{B}_2, \ldots$ bezeichnen wir offene n dimensionale Punktmengen in $\mathfrak{T}$. Zunächst bestimmen wir $\mathfrak{B}_0$ derart, daß

1. $\varphi_{-\varrho}(\tau), \chi_1(\tau), \ldots, \chi_{n-1}(\tau)$ regulär für $\tau \subset \mathfrak{B}_0$,
2. $\varphi_{-\varrho}(\tau), \Delta(\tau) \neq 0$ für $\tau \subset \mathfrak{B}_0$,
3. $\mathrm{N}\,|\gamma\tau + \delta| > 1$ für $L \subset \mathfrak{S}_0$, $\underline{L} = (\gamma, \delta)$, $\gamma \neq 0$, $\tau \subset \mathfrak{B}_0$.

Die dritte Forderung kann wegen $\mathrm{N}\,|\gamma\tau + \delta| \geqq \mathrm{N}\,|\gamma y|$ und der Beschränktheit von $\mathrm{N}\,|\gamma|^{-1}$ für $\gamma \neq 0$ leicht erfüllt werden und besagt, daß für alle $\tau \subset \mathfrak{B}_0$ die Funktion $F(z)$ nach (132) genau eine Polstelle vom kleinsten Betrag hat, nämlich $z = \varphi_{-\varrho}(\tau)$. Für eine geeignete Anordnung

$$(136)\qquad L_1, L_2, L_3, \ldots \text{ ad inf.}$$

der Substitutionen L aus $\mathfrak{S}_0$ mit $\gamma \neq 0$ und eine entsprechende Gebietsschachtelung

(137) $$\mathfrak{B}_0 \supset \mathfrak{B}_1 \supset \mathfrak{B}_2 \supset \mathfrak{B}_3 \supset \ldots \text{ ad inf.}$$

kann ferner mit $\underline{L}_j = (\gamma_j, \delta_j)$ $(j = 1, 2, \ldots)$ für alle natürlichen Zahlen k angenommen werden, daß

a) $d_k(\tau)$ regulär und $\neq 0$ für $\tau \subset \mathfrak{B}_k$,

b) $\mathsf{N}\,|\gamma_k \tau + \delta_k| < \mathsf{N}\,|\gamma_l \tau + \delta_l|$ für $l > k$, $\tau \subset \mathfrak{B}_k$.

Wir führen den Beweis durch vollständige Induktion nach k und nehmen an, daß in der Anordnung von $\mathfrak{S}_0$ der k-te Schritt vollzogen und ebenfalls der Abschnitt $\mathfrak{B}_1 \supset \ldots \supset \mathfrak{B}_k$ schon geeignet bestimmt sei. L_{k+1} und $\mathfrak{B}_{k+1}$ werden durch die folgende Betrachtung geliefert. $d_{k+1}(\tau)$ ist als Polynom in $\chi_1, \ldots, \chi_{n-1}$ nach 1. in $\mathfrak{B}_0$ regulär und sei auf der offenen n dimensionalen Teilmenge $\mathfrak{B}'_{k+1} \subset \mathfrak{B}_k$ von 0 verschieden. Für jeden Punkt $\tau \subset \mathfrak{B}'_{k+1}$ und $\mathfrak{S}_k = \mathfrak{S}_0 - \sum_{j=1}^{k} L_j$, $L \subset \mathfrak{S}_k$ mit $\underline{L} = (\gamma, \delta)$ betrachten wir

$$\operatorname*{Min}_{L \subset \mathfrak{S}_k,\, \gamma \neq 0} \mathsf{N}\,|\gamma\tau + \delta| = m_\tau$$

und bestimmen die Anzahl a_τ der Substitutionen $L \subset \mathfrak{S}_k$, für welche $\mathsf{N}\,|\gamma\tau + \delta| = m_\tau$, $\gamma \neq 0$. Da die Werte von a_τ diskret liegen, so wird das Minimum von a_τ in einem Punkt $\tau_{k+1} \subset \mathfrak{B}'_{k+1}$ angenommen. Die zugehörigen Substitutionen aus $\mathfrak{S}_k$, für welche also $\mathsf{N}\,|\gamma\tau + \delta| = m_{\tau_{k+1}}$, $\gamma \neq 0$, werden mit $L_{k+1}, L_{k+2}, \ldots, L_{k+a}$ $(a = a_{\tau_{k+1}})$ bezeichnet. Da nur für endlich viele $L \subset \mathfrak{S}_0$ der Betrag von $\mathsf{N}\,(\gamma\tau + \delta)$ unterhalb einer vorgegebenen Schranke liegt, wie auch immer $\tau \subset \mathfrak{B}'_{k+1}$ gewählt sei, so müssen die Beziehungen

$$\mathsf{N}\,|\gamma_{k+1}\tau + \delta_{k+1}| = \ldots = \mathsf{N}\,|\gamma_{k+a}\tau + \delta_{k+a}| < \mathsf{N}\,|\gamma\tau + \delta|$$

mit $\underline{L}_{k+j} = (\gamma_{k+j}, \delta_{k+j})$ $(j = 1, \ldots, a)$, $\underline{L} = (\gamma, \delta)$, $\gamma \neq 0$, $L \subset \mathfrak{S}_0 - \sum_{j=1}^{k+a} L_j$, die zunächst nur für τ_{k+1} gelten, auf Grund der Extremaleigenschaft von a auch noch für eine volle Umgebung $\mathfrak{B}_{k+1} \subset \mathfrak{B}'_{k+1}$ von τ_{k+1} erfüllt sein. Man braucht nur noch $a = 1$ zu zeigen. Für $\iota = 1, 2, \ldots, a$, $\tau \subset \mathfrak{B}_{k+1}$ ist

$$\mathsf{N}\left(\frac{\gamma_{k+\iota}\tau + \delta_{k+\iota}}{\gamma_{k+1}\tau + \delta_{k+1}}\right)$$

eine analytische Funktion mit konstantem Betrag, infolgedessen gilt

$$(\gamma_{k+\iota}\tau + \delta_{k+\iota}) = \lambda_\iota\,(\gamma_{k+1}\tau + \delta_{k+1}) \text{ für } \tau \subset \mathfrak{B}_{k+1} \qquad (\iota = 1, \ldots, a)$$

mit konstanten λ_ι, d. h. die Substitutionen $L_{k+1}, L_{k+2}, \ldots, L_{k+a}$ haben im weiteren Sinne assoziierte zweite Zeilen. Nach Definition von $\mathfrak{S}_0$ folgt also $a = 1$, q. e. d. Wir können, wie man leicht sieht, die Auswahl der Mengen $\mathfrak{B}_k$ so vornehmen, daß ein Häufungspunkt τ_0 der Folge $\tau_1, \tau_2, \tau_3, \ldots$

im Innern aller Punktmengen $\mathfrak{B}_k$ enthalten ist. Die Koeffizienten aller Polynome $\omega_k(z)$ $(k = 1, 2, \ldots)$ sind nach 1. als Polynome in $\chi_1, \ldots, \chi_{n-1}$ in $\mathfrak{B}_0$ regulär. Da ferner die Unterdeterminante $\Delta(\tau)$ regulär und $\neq 0$ für $\tau \subset \mathfrak{B}_0$ ist, so gibt es eine analytische Kurve $\tau(t) \subset \mathfrak{B}_0$ $(-1 \leqq t \leqq 1)$ durch τ_0 $(= \tau(0))$, für welche

$$\sum_{\nu=1}^{n} \left| \frac{d\tau^{(\nu)}(t)}{dt} \right| > 0 \qquad (-1 < t < 1)$$

und

$$\chi_j(\tau(t)) = \chi_j(\tau_0) \qquad (j = 1, 2, \ldots, n-1) \tag{138}$$

gilt. Hiernach ist $d_k(\tau(t)) = d_k(\tau_0) \neq 0$, mithin $f_k(\tau)$ regulär längs $\tau(t)$ und

$$f_k(\tau(t)) = f_k(\tau_0) \quad (-1 \leqq t \leqq 1;\ k = 1, 2, \ldots).$$

$F(z)$ ändert sich also längs $\tau(t)$ nicht, und die Lage der Polstellen, insbesondere derjenigen vom kleinsten Betrag bleibt erhalten. Aus (132) entnimmt man dann

$$\begin{aligned} \varphi_{-g}(\tau(t)) &= \varphi_{-g}(\tau_0), \\ \mathsf{N}(\gamma\tau(t) + \delta)^g &= \mathsf{N}(\tilde{\gamma}\tau_0 + \tilde{\delta})^g \end{aligned} \qquad (-1 \leqq t \leqq 1), \tag{139}$$

wobei $L, \tilde{L} \subset \mathfrak{S}_0$ mit $L = (\gamma, \delta)$, $\tilde{L} = (\tilde{\gamma}, \tilde{\delta})$, $\gamma \neq 0$ und $L \to \tilde{L}$ eine gewisse, noch von t abhängige Permutation der $L \subset \mathfrak{S}_0$ mit $\gamma \neq 0$. Wir bestimmen eine Folge positiver Zahlen ε_k $(k = 1, 2, 3, \ldots)$ derart, daß

$$\tau(t) \subset \mathfrak{B}_k \quad \text{für} \quad -\varepsilon_k \leqq t \leqq \varepsilon_k,$$

und bemerken, daß auf Grund von b)

$$\mathsf{N}\,|\gamma_j\tau(t) + \delta_j| < \mathsf{N}\,|\gamma_{j+1}\tau(t) + \delta_{j+1}| \quad (j = 1, 2, \ldots, k-1)$$

$$\mathsf{N}\,|\gamma_k\tau(t) + \delta_k| < \mathsf{N}\,|\gamma_l\tau(t) + \delta_l| \qquad (l > k)$$

für $|t| \leqq \varepsilon_k$. Diese Ungleichungen können zusammen mit (139) nur dann bestehen, wenn

$$\tilde{L}_j = L_j \quad \text{für} \quad j \leqq k, \ |t| \leqq \varepsilon_k.$$

Da also

$$\mathsf{N}(\gamma_j\tau(t) + \delta_j)^g = \mathsf{N}(\gamma_j\tau_0 + \delta_j)^g \quad \text{für} \quad j \leqq k, \ |t| \leqq \varepsilon_k,$$

so folgt

$$\sum_{\nu=1}^{n} \frac{\partial}{\partial\tau^{(\nu)}} \mathsf{N}(\gamma_j\tau(t) + \delta_j) \frac{d\tau^{(\nu)}(t)}{dt} = 0 \ \text{für} \ j \leqq k, \ |t| \leqq \varepsilon_k. \tag{140}$$

Wählen wir $k \geqq n$ und n beliebige Werte für j im Intervall $1 \leqq j \leqq k$ und beachten, daß nicht alle Ableitungen $\frac{d\tau^{(\nu)}}{dt}$ für $t = 0$ verschwinden, so zieht (140) das Verschwinden der Gleichungsdeterminante

$$\left| \frac{\partial}{\partial\tau^{(\nu)}} N(\gamma_j\tau_0 + \delta_j) \right| = 0$$

nach sich, woraus also folgt, daß die Determinante

$$\left|\frac{1}{\tau_0^{(\nu)} + \frac{\delta_j^{(\nu)}}{\gamma_j^{(\nu)}}}\right| = 0 \tag{141}$$

für n beliebige Werte von j aus der natürlichen Zahlenreihe.

Sei $L \subset \mathsf{G}$ mit $\underline{L} = (\gamma, \delta)$, $\gamma \neq 0$ vorgegeben, und j so bestimmt, daß $\underline{L} = \lambda\, \underline{L}_j$, dann ist $-L^{-1}\infty = \frac{\delta}{\gamma} = \frac{\delta_j}{\gamma_j}$. Ersetzt man L durch $L U^{\alpha_\mu}$, $U^{\alpha_\mu} \subset \mathsf{G}$ $(\mu = 1, 2, \ldots, n)$, so geht $\frac{\delta}{\gamma}$ in $\frac{\delta}{\gamma} + \alpha_\mu$ über und nach (141) muß

$$\left|\frac{1}{\tau_0^{(\nu)} + \frac{\delta^{(\nu)}}{\gamma^{(\nu)}} + \alpha_\mu^{(\nu)}}\right| = 0 \qquad (\nu, \mu = 1, 2, \ldots, n)$$

gelten. Das führt zu einem Widerspruch, wenn wir die Translationen α_μ so auswählen, daß $|\alpha_\mu^{(\mu)}| < 1$ und $|\alpha_\mu^{(\nu)}|$ für $\nu \neq \mu$ hinreichend groß wird. Die Annahme, daß es unter den $f_m(\tau)$ $(m = 1, 2, 3, \ldots)$ höchstens $n - 1$ algebraisch unabhängige Funktionen gibt, ist also falsch. Speziell für $\varphi_{-g}(\tau) = G_{-g}(\tau; 1; E, \mathsf{G}; 0)$ erhalten wir das folgende Resultat.

Satz 8. *Unter den Funktionen*

$$G_{-gm}(\tau; 1; E, \mathsf{G}; 0)\, G_{-g}^{-m}(\tau; 1; E, \mathsf{G}; 0) \qquad (m = 1, 2, 3, \ldots)$$

für eine feste natürliche gerade Zahl $g > 2$ befinden sich n über dem Körper der komplexen Zahlen algebraisch unabhängige.

Wir verschaffen uns noch die Einsicht, daß die rationalen Funktionen von $n + 1$ geeigneten automorphen Funktionen zu G den Körper aller automorphen Funktionen vollständig ausschöpfen. Sei $f(\tau)$ eine beliebige automorphe Funktion und $f_1(\tau), \ldots, f_n(\tau)$ ein festes System von algebraisch unabhängigen automorphen Funktionen. Es gibt dann Darstellungen durch Quotienten ganzer Formen:

$$f = \frac{\psi_2}{\psi_1}, \quad f_j = \frac{\varphi_j}{\varphi_0} \; (\psi_1, \varphi_0 \neq 0), \quad \psi_k \subset \{\mathsf{G}, -r, 1\}, \quad \varphi_l \subset \{\mathsf{G}, -r_0, 1\}$$

mit ganz rationalen r, r_0. Für die beiden Formensysteme $\psi_k, \varphi_0, \varphi_1, \ldots, \varphi_n$ $(k = 1, 2)$ gibt es auf Grund von Satz 5 isobare algebraische Gleichungen

$$\Omega_k(\psi_k; \varphi_0, \ldots, \varphi_n) = 0 \qquad (k = 1, 2), \tag{142}$$

die in ψ_k einen Grad $\leq g_9\, r_0^{n+1}$ haben. In jeder dieser Gleichungen muß ψ_1 bzw. ψ_2 wirklich vorkommen, da die Formen $\varphi_0, \ldots, \varphi_n$ isobar algebraisch unabhängig sind wegen der vorausgesetzten Unabhängigkeit der Funktionen $f_1, \ldots, f_n$. Setzt man $\psi_2 = f\psi_1$ und eliminiert aus den Gleichungen (142) durch Resultantenbildung die Form ψ_1, so erhält man eine isobare algebraische Gleichung für $f, \varphi_0, \ldots, \varphi_n$ und damit eine algebraische Gleichung

$$\Omega(f; f_1, \ldots, f_n) = 0,$$

die in f beschränkten Grad hat.

Wir bestimmen eine automorphe Funktion f_{n+1} von maximalem Grad über dem System $f_1, \ldots, f_n$. Auf Grund des Satzes vom primitiven Element wird der Körper der automorphen Funktionen zu G von $f_1, \ldots, f_{n+1}$ rational erzeugt. Das Hauptergebnis dieses Paragraphen fassen wir zusammen in

Satz 9. *Im Körper K der automorphen Funktionen zu* G *gibt es n über dem Körper Z der komplexen Zahlen algebraisch unabhängige Funktionen* $f_1(\tau), f_2(\tau), \ldots, f_n(\tau)$. *K ist eine endliche Erweiterung von* $Z(f_1, f_2, \ldots, f_n)$.

§ 5.

Der Vollständigkeitssatz. Charakterisierung der Poincaréschen Reihen.

Für die Substitutionsgruppe G seien bis zum Schluß die Voraussetzungen von § 3 erfüllt, d. h. es soll nur endlich viele paarweise inäquivalente parabolische Spitzen und einen Fundamentalbereich $\mathfrak{F}$ für G von der Gestalt (113) geben. Die aus zwei beliebigen ganzen Formen $f(\tau), \varphi(\tau) \subset \{\mathsf{G}, -r, v\}$ mit $r > 0$, $|v| = 1$ gebildete Differentialform

$$f(\tau)\,\overline{\varphi(\tau)}\,\mathsf{N}\,(y^{r-2}\,dx\,dy)\text{ [11]} \tag{143}$$

wird durch eine beliebige reelle unimodulare Substitution $\tau \to S\tau$ in

$$f^S(\tau)\,\overline{\varphi^S(\tau)}\,\mathsf{N}\,(y^{r-2}\,dx\,dy)$$

übergeführt, bleibt also invariant gegenüber den Substitutionen $L \subset \mathsf{G}$, wie eine einfache Rechnung zeigt. Wir nennen $\varphi(\tau)$ eine Spitzenform, wenn in den Entwicklungen von $\varphi(\tau)$ zu sämtlichen parabolischen Spitzen die konstanten Glieder verschwinden. Es sei $f(\tau)$ oder $\varphi(\tau)$ eine Spitzenform. Aus den Transformationsformeln

$$\int_{\mathfrak{F}}\!\!\cdots\!\int f(\tau)\,\overline{\varphi(\tau)}\,\mathsf{N}\,(y^{r-2}\,dx\,dy) = \int_{A_k\mathfrak{F}}\!\!\cdots\!\int f^{A_k^{-1}}(\tau)\,\overline{\varphi^{A_k^{-1}}(\tau)}\,\mathsf{N}\,(y^{r-2}\,dx\,dy) \tag{144}$$

$(k = 1, 2, \ldots, h)$ entnimmt man leicht die Konvergenz der mehrfachen Integrale, wenn man beachtet, daß eine Spitzenform bei Annäherung innerhalb des Fundamentalbereichs an die parabolische Spitze ∞ exponentiell gegen 0 geht. Die Invarianzeigenschaft der Differentialform (143) hat zur Folge, daß die Integrale (144) von der Auswahl des Fundamentalbereichs $\mathfrak{F}$ nicht abhängen. Das berechtigt uns, das Integral

$$(f, \varphi) = (f, \varphi)_{\mathsf{G}} = \int_{\mathfrak{F}}\!\!\cdots\!\int f(\tau)\,\overline{\varphi(\tau)}\,\mathsf{N}\,(y^{r-2}\,dx\,dy) \tag{145}$$

---

[11]) $\bar{a}$ bedeutet die konjugiert komplexe Zahl zu a.

als das skalare Produkt von f und φ zu bezeichnen. Für eine Spitzenform $\varphi(\tau)$ ist offenbar

$$(\varphi, \varphi) \geqq 0,$$

und das Gleichheitszeichen gilt genau dann, wenn φ identisch verschwindet. Ferner ist

$$(146) \qquad (f, \varphi) = \overline{(\varphi, f)},$$

$$(147) \qquad \left(\sum_{j=1}^{m} x_j f_j, \sum_{j=1}^{m} \xi_j \varphi_j\right) = \sum_{j,k=1}^{m} x_j \overline{\xi_k} (f_j, \varphi_k),$$

wenn $f_j, \varphi_j \subset \{\mathsf{G}, -r, v\}$, x_j, ξ_j beliebige komplexe Zahlen und φ_j sämtlich Spitzenformen $(j = 1, 2, \ldots, m)$, und schließlich nach (144)

$$(148) \qquad (f, \varphi)_{\mathsf{G}} = (f^S, \varphi^S)_{S^{-1}\mathsf{G}S}$$

für eine beliebige reelle unimodulare Substitution S. Eine Spitzenform φ heißt zu einer anderen Form f der gleichen linearen Schar $\{\mathsf{G}, -r, v\}$ orthogonal, wenn $(f, \varphi) = 0$. Wir berechnen das skalare Produkt einer beliebigen Form f und einer Poincaréschen Reihe. Nach (71) und (148) gilt für $k = 1, 2, \ldots, h$

$$(149) \qquad \overline{\sigma^{(r)}(A_k, A_k^{-1})\, v(A_k)}\, (f(\tau), G_{-r}(\tau, v; A_k, \mathsf{G}; \mu + \varkappa_k))_{\mathsf{G}}$$
$$= (f^{A_k^{-1}}(\tau), G_{-r}(\tau; v^{A_k^{-1}}; E, A_k \mathsf{G} A_k^{-1}; \mu + \varkappa_k))_{A_k \mathsf{G} A_k^{-1}},$$

woraus hervorgeht, daß man sich auf den Spezialfall $k = 1$, d. h. $A_k = E$ beschränken kann. In diesem Fall lassen sich die Poincaréschen Reihen für $\mu + \varkappa_1 > 0$ formal etwas einfacher als in der Gestalt (54) schreiben. Durchläuft nämlich L_0 alle Substitutionen von $\mathfrak{H}_E$ in (63) und L alle Substitutionen von $\mathfrak{S}(E, \mathsf{G})$, dann erhält man in der Gesamtheit aller $L_0 L$ ein vollständiges System $\mathfrak{S}_0$ von Substitutionen aus G mit paarweise verschiedenen zweiten Zeilen, und man erkennt auf Grund der Darstellungen (54), (63) und (66) sofort, daß

$$(150) \qquad G_{-r}(\tau; v; E, \mathsf{G}; \mu + \varkappa_1) = \sum_{L \subset \mathfrak{S}_0} \frac{e^{2\pi i \mathrm{S}(\mu + \varkappa_1) L\tau}}{v(L)\, \mathrm{N}(\gamma\tau + \delta)^r},$$

falls $L = (\gamma, \delta)$, $\mu + \varkappa_1 > 0$. Für eine beliebige ganze Form

$$(151) \qquad f(\tau) = \sum_{\substack{\nu \subset \mathfrak{m}_1 \\ \nu + \varkappa_1 \geqq 0}} c(\nu + \varkappa_1)\, e^{2\pi i \mathrm{S}(\nu + \varkappa_1)\tau}$$

aus $\{\mathsf{G}, -r, v\}$ und für $\mu + \varkappa_1 > 0$ nimmt die Berechnung des Skalarprodukts folgenden Verlauf.

$$(f(\tau), G_{-r}(\tau; v; E, \mathsf{G}; \mu + \varkappa_1))$$
$$= \sum_{L \subset \mathfrak{S}_0} \int \cdots \int_{\mathfrak{F}} f(\tau)\, v(L)\, \overline{\mathrm{N}(\gamma\tau + \delta)^{-r}}\, e^{-2\pi i \mathrm{S}(\mu + \varkappa_1) L\bar{\tau}}\, \mathrm{N}(y^{r-2}\, dx\, dy)$$
$$= \sum_{L \subset \mathfrak{S}_0} \int \cdots \int_{L\mathfrak{F}} f(\tau)\, e^{-2\pi i \mathrm{S}(\mu + \varkappa)\bar{\tau}}\, \mathrm{N}(y^{r-2}\, dx\, dy)$$
$$= \int \cdots \int_{\mathfrak{B}} f(\tau)\, e^{-2\pi i \mathrm{S}(\mu + \varkappa_1)\bar{\tau}}\, \mathrm{N}(y^{r-2}\, dx\, dy).$$

Dabei ist $\mathfrak{B} = \sum\limits_{L \subset \mathfrak{E}_0} L\,\mathfrak{F}$ ein Fundamentalbereich für die Gruppe T der Translationen in G, und zwar ist jeder Punkt 2^n-fach überdeckt, weil nach (16) je 2^n Substitutionen von G mit paarweise verschiedenen zweiten Zeilen auf die Punkte $\tau \subset \mathfrak{T}$ die gleiche Wirkung haben. Da der Integrand des Integrals über $\mathfrak{B}$ gegenüber den Substitutionen von T invariant ist, so kann $\mathfrak{B}$ offenbar durch das 2^n fache des (einfachen) Fundamentalbereichs $\mathfrak{B}$, der durch das erste der Ungleichungssysteme (110) für $k = 1$ beschrieben wird, ersetzt werden. Die Vertauschbarkeit von Summation und Integration in der oben ausgeführten Rechnung läßt sich mit der in § 2 ausgesprochenen und bewiesenen gleichmäßigen Konvergenz der Poincaréschen Reihen rechtfertigen. Trägt man nun in

$$(f, G_{-r}) = 2^n \int_{\mathfrak{B}}\!\!\ldots\!\int f(\tau)\, e^{-2\pi i\, S(\mu + \varkappa_1)\bar{\tau}}\, N\,(y^{r-2}\, dx\, dy)$$

die Entwicklung (151) ein, so erhält man nach elementarer Gleichung

(152) $$(f(\tau), G_{-r}(\tau; v; E, G; \mu + \varkappa_1)) = 2^n\, N\,(\mu + \varkappa_1)^{1-r}\, e_1^{(r)}\, c\,(\mu + \varkappa_1)$$

mit

(153) $$e_1^{(r)} = \Delta_1^{-1}\{(4\,\pi)^{1-r}\,\Gamma\,(r-1)\}^n.$$

Der Fall $\mu + \varkappa_1 = 0$ kann nur dann eintreten, wenn $\varkappa_1 \subset \mathfrak{m}_1$. Das sei jetzt angenommen. Die Eisensteinsche Reihe $G_{-r}(\tau; v; E, G; 0)$ verschwindet genau dann nicht identisch, wenn es überhaupt eine nicht identisch verschwindende Form in $\{G, -r, v\}$ gibt, in deren Entwicklung zur Spitze ∞ ein von 0 verschiedenes konstantes Glied vorkommt. Gibt es nämlich eine solche Form $f_1(\tau)$, so folgt nach (44), angewandt auf $\mu + \varkappa_1 = 0$,

(154) $$v\,(U^\beta D_\lambda) = 1 \quad \text{für} \quad U^\beta D_\lambda \subset G,\ \lambda > 0,$$

also nach (64)

(155) $$G_{-r}(\tau; v; E, G; 0) = \sum_{L \subset \mathfrak{S}(E, G)} \frac{1}{v(L)\, N\,(\gamma\tau + \delta)^r}.$$

Als Repräsentanten der Substitutionen mit $\gamma = 0$ denken wir uns die 2^n Potenzprodukte L der in (16) genannten Substitutionen $E_1, E_2, \ldots, E_n$ ausgewählt. Für diese gilt

$$f_1(\tau) = f_1(L\tau) = v(L)\, N\,(\gamma\tau + \delta)^r f_1(\tau),$$

wegen $f_1(\tau) \not\equiv 0$ also $v\,(L)\, N\,(\gamma\tau + \delta)^r = 1$. Das konstante Glied in der Entwicklung von G_{-r} zur Spitze ∞ lautet daher 2^n, ist also ebenfalls von 0 verschieden. Diese Aussage ist offenbar mit $G_{-r} \not\equiv 0$ gleichwertig. Unter der Voraussetzung (154) bilden wir das skalare Produkt von G_{-r} mit einer beliebigen ganzen Spitzenform $f(\tau) \subset \{G, -r, v\}$, für welche eine Entwicklung von der Art (65) gilt:

$$f(\tau) = \sum_{\substack{\mu \subset \mathfrak{m}_1^* \\ \mu > 0}} c\,(\mu) \sum_{L_0 \subset \mathfrak{H}_E} e^{2\pi i\, S\mu L_0 \tau}.$$

Setzen wir $\mathfrak{B}_0 = \sum_{L \subset \mathfrak{S}(E,\mathbf{G})} L\,\mathfrak{F}$ und beachten $\mathfrak{B} = \sum_{L \subset \mathfrak{H}_E} L_0\,\mathfrak{B}_0$, so ergibt sich

$$
\begin{aligned}
&(f(\tau),\, G_{-r}(\tau; v; E, \mathrm{G}; 0))\\
&\quad = \sum_{L \subset \mathfrak{S}(E,\mathbf{G})} \int \cdots \int_{\mathfrak{F}} f(\tau)\, v(L)\, \overline{\mathrm{N}\,(\gamma\tau + \delta)^{-r}}\, \mathrm{N}\,(y^{r-2}\, dx\, dy)\\
&\quad = \sum_{L \subset \mathfrak{S}(E,\mathbf{G})} \int \cdots \int_{L\mathfrak{F}} f(\tau)\, \mathrm{N}\,(y^{r-2}\, dx\, dy)
\end{aligned}
$$

$$
\tag{156} \quad = \sum_{\substack{\mu \subset \mathfrak{m}_1^* \\ \mu > 0}} c(\mu) \sum_{L_0 \subset \mathfrak{H}_E} \int \cdots \int_{\mathfrak{B}_0} e^{2\pi i \mathrm{S}\mu L_0 \tau}\, \mathrm{N}\,(y^{r-2}\, dx\, dy)
$$

$$
\quad = 2^n \sum_{\substack{\mu \subset \mathfrak{m}_1^* \\ \mu > 0}} c(\mu) \int \cdots \int_{\mathfrak{B}} e^{2\pi i \mathrm{S}\mu\tau}\, \mathrm{N}\,(y^{r-2}\, dx\, dy) = 0.
$$

Die entsprechenden Überlegungen gelten für alle parabolischen Spitzen, da eine beliebige immer nach ∞ transformiert werden kann. Wir setzen

$$
\tag{157} g_{-r}(\tau; v; A_k, \mathrm{G}; \mu + \varkappa_k)
$$
$$
= \begin{cases} 2^{-n}\sigma^{(r)}(A_k, A_k^{-1})\, v(A_k)\, N(\mu + \varkappa_k)^{r-1}\, G_{-r}(\tau; v; A_k, \mathrm{G}; \mu + \varkappa_k) & \text{für } \mu + \varkappa_k > 0,\\ 2^{-n}\sigma^{(r)}(A_k, A_k^{-1})\, v(A_k)\, G_{-r}(\tau; v; A_k, \mathrm{G}; 0) & \text{für } \mu + \varkappa_k = 0 \end{cases}
$$

und erhalten zufolge der allgemeinen Transformationstheorie für eine beliebige Form $f(\tau) \subset \{\mathrm{G}, -r, v\}$ mit den h Entwicklungen

$$
\tag{158} f^{A_k^{-1}}(\tau) = \sum_{\substack{\mu \subset \mathfrak{m}_k \\ \mu + \varkappa_k \geqq 0}} c_k(\mu + \varkappa_k)\, e^{2\pi i \mathrm{S}(\mu + \varkappa_k)\tau}
$$

nach (149) und (152) das Resultat

$$
\tag{159} (f(\tau),\, g_{-r}(\tau; v; A_k, \mathrm{G}; \mu + \varkappa_k)) = e_k^{(r)}\, c_k(\mu + \varkappa_k)
$$

mit

$$
e_k^{(r)} = \Delta_k^{-1}\,\{(4\pi)^{1-r}\,\Gamma(r-1)\}^n.
$$

Auf Grund von (156) bleibt (159) auch für $\mu + \varkappa_k = 0$ gültig, wenn man dann $f(\tau)$ auf Spitzenformen beschränkt. Für die Koeffizienten der Formen

$$
\begin{aligned}
g_{-r}^{A_k^{-1}}(\tau; v; A_k, \mathrm{G}; \mu + \varkappa_k) &= g_{-r}(\tau; v^{A_k^{-1}}; E, A_k \mathrm{G} A_k^{-1}; \mu + \varkappa_k)\\
&= \sum_{\substack{\nu \subset \mathfrak{m}_k \\ \nu + \varkappa_k \geqq 0}} c_k(\nu + \varkappa_k, \mu + \varkappa_k)\, e^{2\pi i \mathrm{S}(\nu + \varkappa_k)\tau}
\end{aligned}
$$

bestehen wegen

$$
\tag{160} (g_{-r}(\tau; v; A_k, \mathrm{G}; \mu + \varkappa_k),\, g_{-r}(\tau; v; A_k, \mathrm{G}; \nu + \varkappa_k)) = e_k^{(r)}\, c_k(\nu + \varkappa_k, \mu + \varkappa_k)
$$

und (146) die Beziehungen

$$
\tag{161} \overline{c_k(\nu + \varkappa_k, \mu + \varkappa_k)} = c_k(\mu + \varkappa_k, \nu + \varkappa_k),
$$

falls $\nu + \varkappa_k$ oder $\mu + \varkappa_k > 0$, speziell für $\mu = \nu$ auch

$$
c_k(\mu + \varkappa_k, \mu + \varkappa_k) \geqq 0.
$$

Nach (160) verschwindet $g_{-r}(\tau; v; A_k, \mathsf{G}; \mu + \varkappa_k)$ genau dann identisch, wenn $c_k(\mu + \varkappa_k, \mu + \varkappa_k) = 0$. Wie wir schon sahen, ist das auch für die Eisensteinreihen $g_{-r}(\tau; v; A_k, \mathsf{G}; 0)$ richtig. Die Gleichung (159) ist die Quelle einer Reihe von wichtigen Erkenntnissen (vgl. l. c.[5]), die wir zusammenstellen in

Satz 10. *Die Poincarésche Reihe $g_{-r}(\tau; v; A_k, \mathsf{G}; \mu + \varkappa_k)$ ist durch die nachfolgenden Eigenschaften bis auf einen konstanten Faktor eindeutig charakterisiert:*

1. $\mu + \varkappa_k > 0$. *g_{-r} ist eine Spitzenform, die auf allen denjenigen Spitzenformen, in deren Entwicklung zur parabolischen Spitze $A_k^{-1}\infty$ der Koeffizient zum Exponenten $\mu + \varkappa_k$ verschwindet, senkrecht steht.*

2. $\mu + \varkappa_k = 0$. *In den Entwicklungen von g_{-r} zu den sämtlichen parabolischen Spitzen $A_l^{-1}\infty$, $l \neq k$, verschwinden die konstanten Glieder. g_{-r} steht auf allen Spitzenformen senkrecht.*

Beim Beweis kann auf Grund von Satz 4 von der Tatsache Gebrauch gemacht werden, daß jede der linearen Scharen $\{\mathsf{G}, -r, v\}$ von endlich vielen Formen erzeugt wird. Wie wir schon sahen, läßt sich eine beliebige Form mit Hilfe der Eisensteinreihen $(\mu + \varkappa_k = 0)$ stets auf eine Spitzenform reduzieren. Zur weiteren vollständigen Reduktion reichen die Poincaréschen Reihen $g_{-r}(\tau; v; A_l, \mathsf{G}; \mu + \varkappa_l)$, $\mu + \varkappa_l > 0$ zu beliebigem aber festem l bereits aus. Wählen wir nämlich aus der von diesen Reihen erzeugten linearen Schar nach bekanntem Verfahren eine Basis von orthogonal normierten Formen $\varphi_1, \varphi_2, \ldots, \varphi_m$ aus, so ist eine beliebige Spitzenform φ aus $\{\mathsf{G}, -r, v\}$ durch die zugeordnete Linearform

$$\sum_{j=1}^{m} a_j \varphi_j \quad \text{mit} \quad (\varphi, \varphi_j) = a_j \qquad (j = 1, 2, \ldots, m)$$

zufolge (159) eindeutig bestimmt. Da diese Linearform bei diesem Prozeß sich selbst zugeordnet wird, ist sie mit φ identisch. Es gilt also der wichtige

Satz 11. *Die nicht identisch verschwindenden Eisensteinreihen $g_{-r}(\tau; v; A_k, \mathsf{G}; 0)$ zu den parabolischen Spitzen $A_k^{-1}\infty$ mit $\varkappa_k \subset \mathfrak{m}_k$ lassen sich durch endlich viele der Poincaréschen Reihen $g_{-r}(\tau; v; A_l, \mathsf{G}; \mu + \varkappa_l)$, $\mu + \varkappa_l > 0$ mit beliebigem aber festem l aus der Reihe* 1, 2, ..., *h zu einer Basis der linearen Formenschar $\{\mathsf{G}, -r, v\}$ ergänzen.*

Dieser sogenannte Vollständigkeitssatz wird ergänzt durch den Zusatz, daß die Maximalzahl der linear unabhängigen unter m vorgegebenen Poincaréschen Reihen

$$g_{-r}(\tau; v; A_k, \mathsf{G}; \mu_j + \varkappa_k), \; \mu_j + \varkappa_k > 0 \quad (j = 1, 2, \ldots, m)$$

mit dem Rang der Matrix

$$(c_k(\mu_\varrho + \varkappa_k, \mu_\sigma + \varkappa_k))$$

übereinstimmt. Den sehr einfachen der Methode angemessenen hier wiedergegebenen Beweis für diese Aussage verdanke ich einer Mitteilung von

Herrn Petersson. Die beliebig ausgewählten Spitzenformen $\varphi_1(\tau), \ldots, \varphi_a(\tau)$, $\chi_1(\tau), \ldots, \chi_b(\tau) \subset \{\mathsf{G}, -r, v\}$ werden zu Formenvektoren

$$\mathfrak{q}(\tau) = \{\varphi_1(\tau), \ldots, \varphi_a(\tau)\}, \; \mathfrak{r}(\tau) = \{\chi_1(\tau), \ldots, \chi_b(\tau)\}$$

zusammengefaßt. Sei $\mathfrak{A}$ die von den φ_i, $\mathfrak{B}$ die von den χ_k aufgespannte Schar, $\mathfrak{D}$ der Durchschnitt von $\mathfrak{A}$ und $\mathfrak{B}$ und schließlich $\mathfrak{A}$, $\mathfrak{B}$ bzw. $\mathfrak{D}$ von der Dimension α, β bzw. δ. Für den Rang ϱ der Matrix $(\mathfrak{q}, \mathfrak{r}) = ((\varphi_i, \chi_k))$ gilt dann

$$\delta \leqq \varrho \leqq \operatorname{Min}(\alpha, \beta).$$

Zum Beweis beachte man, daß ϱ offenbar nur von $\mathfrak{A}$ und $\mathfrak{B}$ abhängt. Ersetzt man nämlich z. B. das Erzeugendensystem φ_i von $\mathfrak{A}$ durch ein anderes, so ändert sich die Maximalzahl der linear unabhängigen unter den Zeilenvektoren von $(\mathfrak{q}, \mathfrak{r})$ nicht. Da jede lineare Relation zwischen den φ_i bzw. χ_k auch zwischen den entsprechenden Zeilen- bzw. Spaltenvektoren von $(\mathfrak{q}, \mathfrak{r})$ besteht, so ergibt sich die angegebene obere Schranke für ϱ. Wählt man für $\mathfrak{D}$ eine orthogonal normierte Basis und ergänzt diese zu einem Erzeugendensystem einerseits für $\mathfrak{A}$ von der Gliederzahl a, andererseits für $\mathfrak{B}$ von der Gliederzahl b, so folgt unmittelbar $\delta \leqq \varrho$. Speziell für $\mathfrak{A} \subset \mathfrak{B}$ oder $\mathfrak{B} \subset \mathfrak{A}$ ist $\delta = \operatorname{Min}(\alpha, \beta)$, also $\delta = \varrho$. Wir machen folgende Anwendung. Sei $a = m$, $\mathfrak{q}(\tau) = \{\varphi_1(\tau), \ldots, \varphi_m(\tau)\}$ eine Basis für die Spitzenformen aus $\{\mathsf{G}, -r, v\}$ und

$$\mathfrak{q}^{A_k^{-1}}(\tau) = \sum_{\substack{\mu \subset \mathfrak{m}_k \\ \mu + \varkappa_k > 0}} \mathfrak{c}_k(\mu + \varkappa_k)\, e^{2\pi i S(\mu + \varkappa_k)\tau}$$

in verständlicher Vektorbezeichnung die Entwicklung von $\mathfrak{q}(\tau)$ zur Spitze $A_k^{-1}\infty$. Mit $(\mathfrak{c}_k(\mu_1 + \varkappa_k), \mathfrak{c}_k(\mu_2 + \varkappa_k), \ldots, \mathfrak{c}_k(\mu_b + \varkappa_k))$ sei die konstante Matrix mit den Spaltenvektoren $\mathfrak{c}_k(\mu_l + \varkappa_k)$ $(l = 1, 2, \ldots, b)$ bezeichnet, wobei μ_l beliebig aus $\mathfrak{m}_k$ derart ausgewählt ist, daß $\mu_l + \varkappa_k > 0$. Ferner sei $\chi_l(\tau) = g_{-r}(\tau; v; A_k, \mathsf{G}; \mu_l + \varkappa_k)$ $(l = 1, 2, \ldots, b)$. Dann ist

$$(\mathfrak{q}(\tau), \mathfrak{r}(\tau)) = e_k^{(r)}(\mathfrak{c}_k(\mu_1 + \varkappa_k), \mathfrak{c}_k(\mu_2 + \varkappa_k), \ldots, \mathfrak{c}_k(\mu_b + \varkappa_k)),$$

woraus hervorgeht, daß die Maximalzahl der linear unabhängigen unter den Vektoren $\mathfrak{c}_k(\mu_l + \varkappa_k)$ $(l = 1, 2, \ldots, b)$ gleich der Maximalzahl der linear unabhängigen unter den Poincaréschen Reihen $g_{-r}(\tau; v; A_k, \mathsf{G}; \mu_l + \varkappa_k)$ $(l = 1, 2, \ldots, b)$. Wählt man schließlich für $\mathfrak{q}(\tau)$ und $\mathfrak{r}(\tau)$ das gleiche System von Poincaréschen Reihen, so erhält man die oben formulierte spezielle Aussage.

Die von Petersson (l. c. [5])) eingeführte Klasse der Formen $\Omega_s(\tau, z)$ kann ebenfalls auf n Veränderliche verallgemeinert, aber in ihrer Bedeutung für die gesamte Theorie noch nicht restlos verstanden werden. Das mag vor allem daran liegen, daß man in n Veränderlichen das richtige Analogon zum Riemann-Rochschen Satz für eine Veränderliche noch nicht gefunden hat.

(Eingegangen am 29. 3. 1940.)

MIX
Papier aus verantwortungsvollen Quellen
Paper from responsible sources
FSC® C105338

If you have any concerns about our products,
you can contact us on
ProductSafety@springernature.com

In case Publisher is established outside the EU,
the EU authorized representative is:
Springer Nature Customer Service Center GmbH
Europaplatz 3, 69115 Heidelberg, Germany

Printed by Libri Plureos GmbH
in Hamburg, Germany